Mountebank 微服务测试

[美] 布兰登·贝耶斯(Brandon Byars) 著

王 超 译

 清华大学出版社

北 京

Brandon Byars

Testing Microservices with Mountebank

EISBN: 978-1-61729-477-8

Original English language edition published by Manning Publications, USA (c) 2019 by Manning Publications. Simplified Chinese-language edition copyright (c) 2019 by Tsinghua University Press Limited. All rights reserved.

北京市版权局著作权合同登记号　图字：01-2019-4449

图书在版编目(CIP)数据

Mountebank 微服务测试 / (美) 布兰登·贝耶斯 著；王超 译.—北京：清华大学出版社，2020
书名原文：Testing Microservices with Mountebank
ISBN 978-7-302-54089-2

Ⅰ.①M… Ⅱ.①布… ②王… Ⅲ.①互联网络—网络服务器 Ⅳ.①TP368.5

中国版本图书馆 CIP 数据核字(2019)第 241988 号

责任编辑：王　军
封面设计：孔祥峰
版式设计：思创景点
责任校对：牛艳敏
责任印制：宋　林

出版发行：清华大学出版社
　　　　　网　　　　址：http://www.tup.com.cn，http://www.wqbook.com
　　　　　地　　　　址：北京清华大学学研大厦 A 座　　　　　邮　　编：100084
　　　　　社 总 机：010-62770175　　　　　　　　　　　　邮　　购：010-62786544
　　　　　投稿与读者服务：010-62776969，c-service@tup.tsinghua.edu.cn
　　　　　质 量 反 馈：010-62772015，zhiliang@tup.tsinghua.edu.cn
印 装 者：三河市春园印刷有限公司
经　　销：全国新华书店
开　　本：170mm×240mm　　　印　　张：14.5　　　字　　数：260 千字
版　　次：2020 年 1 月第 1 版　　　印　　次：2020 年 1 月第 1 次印刷
定　　价：79.80 元

产品编号：084079-01

译 者 序

最近几年，随着现代应用程序的功能越来越复杂，软件的迭代更新速度越来越快，企业主流开发方式逐渐从传统的单体式产品交付转移到微服务架构，因此，软件测试工程师只有及时更新自己的测试工具和方法，才能有效地提高测试覆盖率，尽早发现潜在的漏洞，确保微服务满足企业对软件质量日益增长的严格要求。微服务的前身是 Peter Rodgers 博士 2005 年提出的微 Web 服务(Micro-Web-Service)，2014年 Martin Fowler 与 James Lewis 共同给出了微服务的定义，即它是一种架构模式，将单一的应用程序分成了一系列微小服务，服务之间相互协作来为用户提供功能。每个服务在独立的进程中运行，服务与服务之间采用基于 HTTP 的 RESTful API 的轻量级通信机制。

与传统的测试方法相比，微服务架构使测试面临诸多挑战：如服务-模块-层次之间具有复杂的依赖项，不同的服务在不同的上下文中运行，端到端测试多个服务容易出错，测试结果与网络的稳定性有关，故障分析具有更高的复杂度，开发团队之间增加的沟通成本等。因此，测试应具有自动化、层次化和可视化特性。mountebank 作为一个开源的、跨平台的、支持多协议的功能强大的服务虚拟化工具，能够有效地帮助测试工程师解决以上问题。它易于安装，并且不依赖于任何平台。

本书主要介绍如何使用 mountebank 测试微服务，通过阅读本书，你还可以深入了解 mountebank 的全部功能以及服务虚拟化的适用范围。无论是微服务系统的开发工程师，还是进行 QA 或者性能测试的测试工程师，以及将客户需求转换为实际可执行项目的解决方案架构师，都适合阅读本书。

本书在翻译过程中得到了清华大学出版社编辑的帮助和支持，他们指出了译文中的一些不当之处，使我能够及时修改，以便更好地表达出原作者的意图，同时带给读者更流畅的阅读体验，在此对他们表示衷心的感谢！我还要感谢我的家人，他们在生活上为我提供了极大的支持，帮忙照看小孩，使我能够专注于本书的翻译工作，最终顺利及时完稿。在翻译的过程中还参考了一些专业论坛资料，在此一并表示感谢。尽管我对译稿进行了多次校对和修改，但难免存在疏漏之处，敬请读者批评指正。谢谢你们。

王　超

于南阳理工学院

序　言

  Pete Hodgson 曾经开玩笑说，构建自己的模拟框架是 ThoughtWorks 开发人员的一个惯例。那些日子已经过去了，不是因为 ThoughtWorks 不再关心测试(我们非常关心)，而是因为测试工具的功能更强大，并且我们现在需要关注更多有趣的问题。在 2014 年的冬天，我遇到了一个测试问题，结果发现无法测试会妨碍你专注于解决那些更有趣的问题。

  我们采用了微服务体系结构，但受到一些摒弃的遗留服务代码的限制。服务虚拟化使用测试来模拟下游网络依赖性的想法对我们来说并不新鲜，即使该术语在开源世界中并不常见。似乎每个新的开发人员加入团队时，他们都建议使用 VCR(Ruby 工具)或 WireMock(Java 工具)来解决问题。这些工具都很出色，很多人都在使用它们。ThoughtWorks 已经为 mix 提供了更多优质工具(stubby4j 和 Moco)，类似 Hoverfly 的工具很快就会出现。如果需要虚拟化 HTTP 服务，那么选择其中任何一个都是可以的。

  遗憾的是，我们的下游服务不是 HTTP。新团队成员不断建议使用相同类型工具的方式提供了很好的证据证明该方法有效。事实上，没有这样的工具，我们就无法获得在测试中所需要的信心，而测试需要 mountebank 的支持。

  虽然本书介绍的是 mountebank，但也涉及了测试和持续交付，以及微服务和体系结构。你可以在不使用 mountebank 的情况下完成工作，但如果遇到问题，服务虚拟化可能会有助于解决更有趣的问题。

作 者 简 介

Brandon Byars 是 ThoughtWorks 公司的首席顾问，也是 mountebank 的创建者和维护者。他在 IT 领域具有 20 年的经验，曾担任开发人员、DBA、架构师和客户经理。当他不再热衷于测试自动化时，他专注于将系统思维应用到大规模开发中，并在我们已经打开的潘多拉技术盒的世界中找到重新发现人类意义的方法。

致　　谢

在 ThoughtWorks 这样的公司工作的好处是我认识的很多人都撰写过技术书籍。但是他们中的每一个人都告诉我写一本书是非常具有挑战性的(感谢 Martin Fowler、Neal Ford 和 Mike Mason)。

幸运的是，Pete Hodgson 不是其中之一。不过，他写了几篇文章，其中一篇是关于在 Martin Fowler 的 bliki 上测试 JavaScript。我第一次读了 10 遍也没有真正理解它，因为自己不是 JavaScript 开发人员，我尝试基于对 promise 的简单解释来实现一个同步的 promise 库。几周后，当我绞尽脑汁并意识到写自己的 promise 库是一个糟糕的想法时，我向 Pete 求助。他首次使用 mountebank 向我展示了如何实际测试 JavaScript。我觉得这是一件好事，因为我正在写一个测试工具。谢谢 Pete。

Paul Hammant 是另一个从不告诉我写一本书有多难的人。然而，他也从未有意告诉我管理一个流行的开源项目有多困难。作为一个长期的开源者(他启动了一种控制框架的早期版本 Selenium，并做出了一系列其他举措)，他很可能认为每个人都有同样的愿望，像他一样每天晚上把时间留给编码和博客，以及管理社区工作。Paul 还是一个强有力的 mountebank 推广者和非常优秀的导师。

当然，如果没有第一团队的支持，这一切都是不可能的。第一团队的名字 SilverHawks 是根据一部卡通画命名的。我要感谢 Shyam Chary、Bear Claw、Gonzo、Andrew Hadley、Sarah Hutchins、Nagesh Kumar、Stan Guillory 和许多其他人。mountebank 社区是从那些微不足道的开始发展起来的，我要感谢所有为改进产品而投入空闲时间的人们。

Manning 出版社建议我写一本书时，我在俄克拉荷马州。这真的很难。开发编辑 Elesha Hyde 很出色，即使我花费很多时间进行写作，他在生活上给了我强大的支持。我在俄克拉荷马、达拉斯、多伦多、温哥华、旧金山、圣安东尼奥、休斯敦写过这本书。是的，我写这本书的时候，同时在海滩上喝莫吉托酒(第 4 章是这样)。

这让我想到 Mona。你让我在周末和假期写作。你让我在家庭活动中写作，尤其是当 Patriots 在 Super Bowl 中玩耍时(或者不管他们怎么称呼最后一场比赛，我都不再关注棒球了)。你让我在水疗中心和游泳池写作，同时照看孩子不让他们溺水。谢谢你。

关于封面插图

《Mountebank 微服务测试》封面插图的标题是 "一个来自斯洛文尼亚的人"。这幅插图是 Balthasar Hacquet 的 *Images and Descriptions of Southwestern and Eastern Wends, Illyrians, and Slavs* 的最新再版，它由克罗地亚位于 Split 的 Ethnographic 博物馆于 2008 年出版。Hacquet(1739—1815)是奥地利的一名医生和科学家，他花费很多年的时间研究了奥地利帝国许多地方的植物学、地质学和人种学，以及威尼托、朱利安阿尔卑斯山和西巴尔干半岛，这些地方过去居住着伊利里亚部落的人民。Hacquet 出版的许多科学论文和书籍都附有手绘插图。

Hacquet 出版物中丰富多样的图画生动地说明了两百年前东阿尔卑斯山和巴尔干西北部地区的独特性和个性。当时，相隔几英里的两个村庄的着装风格表明，人们是独一无二的，属于彼此独立的个体，可以很容易地通过穿着来区分社会阶层或行业的成员。从那以后，着装风格发生了变化，各地区当时如此丰富的着装多样性逐渐消失。现在仅靠着装已经很难区分来自不同大陆的居民。而如今，斯洛文尼亚的阿尔卑斯山或巴尔干沿海城镇中风景如画的城镇和村庄的居民与欧洲其他地区的居民也不易区分。

Manning 出版社采用展现两个世纪前丰富多元的各地生活的图书封面，以此来颂扬计算机行业的创造性、主动性和乐趣。

前　言

我用 mountebank 编写了测试微服务的程序,展示了服务虚拟化如何帮助你测试微服务,以及 mountebank 如何成为一个强大的服务虚拟化工具。这就需要对 mountebank 有一个深入的了解。本书的中间部分专门讨论这个主题,但是许多经验都适用于任何服务虚拟化工具。

本书读者对象

mountebank 是一种对开发人员友好的工具,它使开发人员成为使用 mountebank 测试微服务的主要受众。希望读者对测试自动化有一些了解,但是我避免在本书中使用任何高级语言特性来重点关注工具和方法。自动化友好的 QA 测试人员也会发现本书的价值,那些专门从事性能测试的人员也是如此。最后,服务虚拟化越来越成为一个体系结构问题,在这些页面中,我希望为解决方案架构师提供正确决策所需的论据。

本书内容安排

本书分为三部分 10 章。
- 第 I 部分介绍了分布式系统的总体测试原理。
  第 1 章简要介绍了微服务,并对传统的端到端测试进行了评论。它有助于解释服务虚拟化如何适应微服务的世界,并为 mountebank 提供一个心理模型。
  第 2 章建立了一个示例体系结构,我们将在本书中反复讨论,并展示如何使用 mountebank 来自动执行确定性测试,尽管它是分布式体系结构。
- 第 II 部分深入介绍 mountebank,让你全面了解它的功能。
  第 3 章提供了了解 HTTP 和 HTTPS 环境中基本 mountebank 响应的基础知识。它还描述了通过配置文件管理测试数据的基本方法。
  第 4 章探讨了谓词——mountebank 对不同类型请求的不同响应方式。还介绍 mountebank 关于匹配 XML 和 JSON 的功能。
  第 5 章介绍 mountebank 的记录和重放功能。mountebank 使用真实系统的代理来捕获真实的测试数据。

第 6 章展示如何通过使用一个称为注入的特性在 JavaScript 中编写你自己的谓词和响应来对 mountebank 本身编程。我们将研究注入如何帮助解决 CORS 和 OAuth 握手中的一些棘手问题,包括虚拟化 GitHub 的公共 API。

第 7 章通过研究应用于响应的行为,对 mountebank 引擎的核心功能进行了详细介绍。行为允许用户添加延迟,从外部源查找数据以及执行大量其他转换步骤。

第 8 章展示第 3~7 章中的所有概念如何延伸到 HTTPS。mountebank 的引擎是协议不可知的,我们给出了基于 TCP 的示例,包括扩展的.NET Remoting 场景。

- 第III部分后退一步,将服务虚拟化放在更广泛的上下文中。

  第 9 章探讨微服务的一个示例测试管道,从单元测试到手动探索测试,并展示了服务虚拟化的适用和不适用之处。

  第 10 章说明服务虚拟化如何帮助性能测试。它包括一个虚拟化公共可用 API 的完整例子。

关于代码

本书使用了一些代码示例来帮助说明这些概念。其中一些是假设的(见第 4 章),一些是基于虚拟化的真实公共 API(见第 6 章和第 10 章),还有一些是非常笼统的(见第 8 章)。我尽力让这些例子在服务虚拟化可以解决的各种问题中通俗易懂,这不是件容易的事。有些问题很容易理解,但有些,比如虚拟化返回二进制数据的.NET Remoting 服务,则不好理解。我希望保持足够的幽默感,让你对容易出现的问题保持兴趣,对于复杂的行为,给你足够的感觉,让你有能力自己创新。

本书的源代码可在 https://github.com/bbyars/mountebank-in-action 上下载,也可扫封底二维码获取。

图书论坛

购买《Mountebank 微服务测试》包括免费访问 Manning 出版社运行的私人 Web 论坛,你可以在该论坛上对本书发表评论、提出技术问题以及获得作者和其他用户的帮助。要访问论坛,请访问 www.manning.com/books/testing-microservices-with-mountebank。还可以在 https://forums.manning.com/forums/about 了解有关 Manning 论坛和行为准则的更多信息。

Manning 对读者的承诺是提供使读者之间以及读者和作者之间进行有意义的对话的场所。作者对论坛的贡献仍然是自愿的，但这不代表作者承诺任何具体的参与数量。我们建议你问作者一些有挑战性的问题，来引起他的兴趣。

目　　录

第 I 部分

起　　步

"欢迎你，朋友"。

我家门前的迎宾垫上也写着这句话，当访问 mountebank 网站(https://www.mbtest.org)时，你第一眼看到的也是这些词语。我非常希望你在本书中第一次读到的也是这些词语，因为我特别欢迎你来到服务虚拟化的精彩世界，尤其是 mountebank 的精彩世界。

第 I 部分旨在提供引言相关的背景知识，主要介绍将 mountebank 作为测试和持续交付堆栈的一部分。服务虚拟化背后的一个主要驱动因素是计算日益增长的分布式特性，第 1 章首先对微服务进行概述，重点介绍它改变测试软件的方式。然后介绍如何将服务虚拟化置于上下文中，并对 mountebank 的主要组件进行了详述。

第 2 章展示了 mountebank 的作用。当使用服务虚拟化编写第一个测试，让它提供一个简单的启动点用来研究第 2 章中 mountebank 的全部功能时，你可能会感到有些力不从心。

第 *1* 章

测试微服务

本章主要内容:
- 微服务的简要背景
- 测试微服务面临的挑战
- 服务虚拟化如何简化测试
- mountebank 简介

有时候,需要以假乱真。

当 Web 开始与企业组织中的桌面应用程序竞争时,我就已经开始开发软件了。虽然基于浏览器的应用程序带来了极大的部署优势,但我们还是使用几乎相同的方式来对其进行测试。我们编写了一个单片机应用程序,将其连接到数据库,像用户测试应用程序一样来测试它。我们测试了一个真实的应用程序。

测试驱动的开发教会我们,良好的面向对象设计能够在更细粒度的层级上进行测试。我们可以单独测试类和方法,并在快速迭代中获得反馈。依赖注入——传入类的依赖性,而不是按需实例化它们——使我们的代码更加灵活并且更具可测试性。只要传入了与实际测试接口相同的测试依赖性,就可以完全隔离想要测试的代码位。通过向代码中注入伪依赖项,我们对编写的代码有了更多信心。

不久,聪明的开发人员开发了开放源码库,使创建这些伪依赖项变得更容易,从而使我们能够专注于讨论更重要的事情,例如如何调用它们。我们根据自己的测试风格形成了小团体:模拟主义者陶醉于使用模拟的纯洁性;古典主义者则骄傲地坚持自己对存根的完全依赖[1]。但是双方都没有对伪依赖项测试的基本价值

---

[1]　你可能将时间花费在比阅读古典主义者和模拟主义者之间的差异更有趣的事情上,但如果你自己无法弄明白,可以访问 http://martinfowler.com/articles/mocksArentStubs.html 来获取更多内容。

进行争论。

　　事实证明，当涉及设计时，若在小的方面是正确的，那么在大的方面也是正确的。在对分布式编程断断续续做了一些尝试之后，这个无所不能的 Web 为我们提供了一种方便的应用程序协议——HTTP——让客户端和服务器可以相互通信。从专有的 RPC 到 SOAP，再到 REST，再回到专有的 RPC，我们的架构已经超越了单一的代码库，因此需要再次找到测试整个服务的方法，而不必陷入它们的运行时依赖项网中。大多数应用程序的构建都是为了从某种因环境而异的配置中检索依赖服务的 URL，这一事实意味着依赖注入是内置的。我们需要做的就是用伪服务的 URL 来配置应用程序，并找到更简单的方法来创建这些伪服务。

　　Mountebank 创建了伪服务，它就是为测试微服务而量身定做的。

1.1　微服务刷新器

　　大多数应用程序都是以模块的形式编写的，它是一种粗粒度的代码块，与共享数据库一起发布。想想诸如 Amazon.com 的电子商务网站吧。一个常见的用例是允许客户查看自己的订单历史记录，包括他们已经购买的产品。从概念上讲，只要将所有内容都保存在同一个数据库中，就很容易做到。

　　事实上，Amazon 在早年就这样做了，这是有原因的。该公司有一个称为 Obidos 的单片机代码库，与图 1.1 非常相似。通过这种方式配置数据库，可以方便地加入不同的域实体，例如客户和订单，以显示客户的订单历史或者订单，并能显示订单上产品的详细信息。将所有内容都放在同一个数据库中也意味着可以依赖事务来保持一致性，例如当发送订单时很容易更新产品的库存。

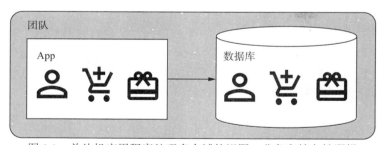

图 1.1　单片机应用程序处理多个域的视图、业务和持久性逻辑

　　这一设置也使得测试——本书的重点——变得更加容易。大多数测试都可以进行，并且，假定你正在使用依赖注入，就可以使用模拟库来单独测试工件。测试应用程序的黑盒仅仅需要应用程序部署与数据库架构版本相互配合。测试数据管理归结为使用一组示例测试数据来加载数据库。你可以很容易地解决所有这些问题。

1.1.1　微服务路径

　　了解 Amazon.com 的历史很有用，它能够使我们理解是什么迫使该企业不再使用单片机应用程序。随着该网站越来越受欢迎，它的功能也变得越来越强大，Amazon 不得不雇用更多的工程师来进行开发。当开发机构足够大以至于多个团队需要开发 Obidos 的不同部分时，问题就出现了（见图 1.2）。

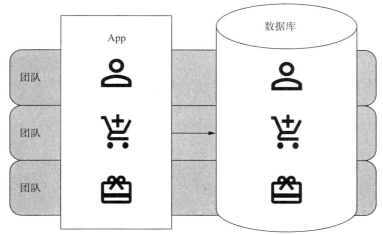

图 1.2　扩展一个整体意味着多个团队必须在同一代码库中工作

　　由于团队之间的耦合，Amazon 也在努力开发应用程序的各个部分，突破点出现在 2001 年。根据 CEO 的授权，工程组织将 Obidos 划分为一系列服务，并围绕这些服务来组织团队[2]。转型之后，在不破坏其他团队的代码(其他团队没有共享代码库)的前提下，每个团队都能够以更强的信心来更改与其服务领域相关的代码。Amazon 现在具有独立开发网站体验不同部分的强大能力，但这种转型需要改变模式。虽然 Obidos 过去仅仅负责渲染该站点，但如今 Amazon.com 上的一个网页可以生成 100 多个服务调用(见图 1.3)。

　　最终结果是每个服务都可以专注于做好一件事情，并且更容易单独理解。缺点是这种架构将曾经存在于应用程序内部的复杂性转移到了操作和运行时环境中。在一个屏幕上同时显示客户详细信息和订单详细信息，从简单的数据库连接变成协调多个服务调用并在应用程序代码中组合数据。虽然每种服务单独来看都很简单，但是作为整体的系统却很难理解。

　　Netflix 是最早将其核心业务迁移到 Amazon 云服务的公司之一，这一行为明显影响了该公司对服务的思考方式。再次强调，扩大其发展力度的需要是推动这

---

[2]　详见 https://queue.acm.org/detail.cfm?id=1142065 for details。

一变化的原因。Netflix 前首席云架构师 Adrian Cockcroft 指出了两种对立的冲突[3]。首先，随着管理工资单和少量企业服务的技术转变成为本地公司数字化的核心优势，近年来对 IT 的需求增加了 1000 倍。其次，随着工程师数量的增加，诸如排除故障构建活动的通信和协调开销明显减缓了交付软件的速度。

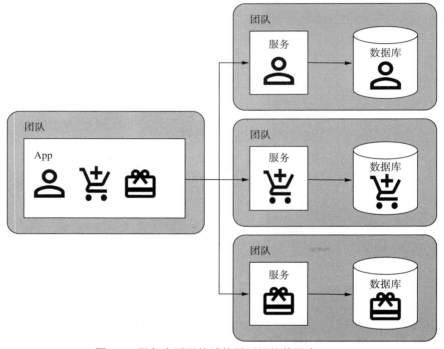

图 1.3　服务为不同的域使用不同的数据库

一旦公司规模发展到 100 个工程师，同时多个团队在同一个代码库中竞争，Netflix 就会体验到这种减速。与 Amazon 一样，该公司通过将单片机应用程序分解成服务来解决这一问题，并且它有意识地努力使每项服务都只做一件事情。这种我们现在称之为微服务的架构方法支持开发团队彼此独立工作，并允许公司扩展其开发组织。

尽管加强发展力度是推动我们使用微服务的主要力量，但是它有一个连带后果：与发布大型应用程序相比，发布小型服务要更加容易。如果你可以独立地发布服务，那么就能更快速地向市场发布功能。通过消除团队之间的发布协调需求，微服务为通常需要手动解决的问题提供了一种架构解决方案，客户是受益者。Amazon 和 Netflix 都以能够在市场上快速创新而闻名，但是要做到这一点，需要重新思考他们如何组织交付软件以及如何测试软件。

[3]　详见 https://www.infoq.com/presentations/migration-cloud-native。

1.1.2　微服务和组织结构

在你了解 mountebank 如何使测试微服务变得更容易之前，需要知道微服务如何需要不同的测试心态。这一切都是从团队组织开始，以对传统 QA 方法的全面抨击结束，该方法通过协调的端到端测试来发布。

微服务需要你重新考虑传统的组织结构。筒仓存在于任何大型组织中，但是某些筒仓背离了微服务以最低程度的协调允许独立发布小型服务的目标。传统组织使用某些筒仓作为关卡，在发布部署之前对其进行确认。每个关卡都充当一个协调点，协调是在发布中获得信任的一种方式，但是它很慢，并且会将团队结合在一起。当你能够按照业务能力划分组织并允许开发团队拥有代码的自主发布权时，微服务性能最佳。

要解释这一概念，可以将 IT 组织想象为高速公路。当需要增加吞吐量时——在给定时间段内发布的功能的数量——可以通过在高速公路中增加车道来实现。拥有更多的车道意味着可以同时支持更多的汽车(见图 1.4)。这类似于雇用更多的开发人员来并行完成更多工作。你还可能希望能够更快地发布单个功能。这相当于提高高速公路上的限速，使一辆车能在更短的时间内从 A 点到达 B 点。到目前为止，一切都还不错。

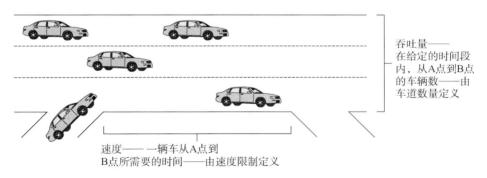

图 1.4　在正常交通中，车道数量和限速决定了通行能力和速度

不管车道数量或者限速值，有一件事会同时影响吞吐量和速度：拥塞。如果你生活在大城市，拥塞也会带来间接的损失，这几乎是你肯定经历过的。在走走停停的交通中行驶是一种令人心碎的体验，这是一种消极的行为，上车和开车都很难让人兴奋。许多大型 IT 组织出于好心会造成意外的拥塞，并遭受真正的激励损失。

他们用两种方式制造拥塞：第一，过度使用高速公路，可用空间中存在过多的汽车；第二，增加了产生拥塞的协调。第二种方式很难根除。

高速公路上需要协调的一种方法是增加收费站(尤其是那些老式收费站，在 ETC 取代人工收费之前)。另一种方法是上游车道数少于下游车道数，其中"上游"

指的是靠近高速公路出口的路段，以及 IT 中接近产品发布的时间段。减少上游车
道的数量需要将多条车道合并为一条车道，从而限制交通流量(见图 1.5)。有时这
种减少是由于设计或者道路施工造成的；另外一些时候，是因为两辆车之间不幸
碰撞造成的事故引起的。

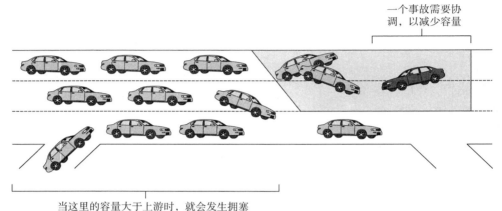

图 1.5   上游车道越少，交通就越拥塞

　　像所有的模型一样，高速公路的比喻是不完美的，但它强调了一些有用的观点。
正如你在前面的 Amazon 和 Netflix 示例中看到的那样，微服务通常来源于某一组
织想要提高功能吞吐量。一个有用的连带后果是越小的代码库其限速值越高，而这
能够提高速度。但如果不改变组织来消除拥塞，那么这两个优势就无效。

　　从组织的角度看，解决过度利用的问题原则上是容易的，尽管这样做通常具
有挑战性。你可以雇用更多的员工(增加高速公路的车道)或者减少正在进行的工
作量(限制车辆进入高速公路)。

　　拥塞的其他原因更难解决。通常情况下，组织的上游产能要少于下游产能。
一个收费站的例子是通过要求发布一个能够控制开发吞吐量的中心发布管理团队
来提高协调性，但通常会有意外出现。每当有人发现错误或者多个团队共享的代
码库中的构建中断时，就会产生一次需要协调的意外，接着吞吐量和速度都会受
到影响。Adrian Cockcroft 引用了这一确切原因，它促使 Netflix 使用微服务。

　　微服务为减少由事故引起的拥塞提供了技术解决方案。通过不共享相同的代
码库，中断的构建不会影响多个团队，从而有效地为不同的服务创建不同的通道，
但是收费站仍然是个问题。为了充分发挥我们希望通过微服务获得的吞吐量和速
度优势，必须消除组织复杂性。这有多种形式(例如，从操作到数据库模式管理)，
但是一种上游拥塞形式与本书特别相关：我们的 QA 组织。微服务从根本上改变
测试方式。

1.2　端到端测试的问题

传统上，中心 QA 团队可以与中心发布管理团队合作，以便协调需要部署到产品中的变更时间表。他们可以这样安排：一次只进行一个变更，并且在发布之前，可以根据其运行时依赖性的产品版本对该变更进行测试。这种方法在一定程度上是完全合理的。除此之外，这通常是组织求助于微服务之处——这是不合适的。

你仍然需要确信，当发布系统的某一部分时，整个系统都能工作。通过传统的端到端测试和协调发布来获得这种信心，将所有服务结合在一起，并将耦合瓶颈从开发组织转移到 QA 组织(见图 1.6)。

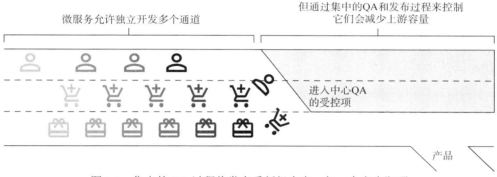

图 1.6　集中的 QA 过程将发布重新组合在一起，会产生瓶颈

服务之间的协调集成测试会重新连接通过服务分解而分离的代码库，这破坏了微服务的扩展性和快速交付优势。一旦将发布的服务结合在一起，就会重新引入你曾经试图避免的通信和协调开销。不管有多少服务，当必须同时将其发布时，就具有了一个整体组织。

真正扩大技术组织规模的唯一方法是分离发布，这样就可以独立于服务的依赖性来部署服务(见图 1.7)。

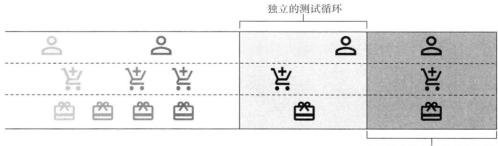

图 1.7　独立的测试工作以避免发布拥堵

这需要对微服务的测试策略从根本上进行重新思考。端到端测试并不会完全消失，但是依靠它作为发布软件的入口，不是使用微服务的正确方法。问题仍然存在：在发布变更之前，你如何获得所需要的信心？

1.3 了解服务虚拟化

依赖性的问题是你不能依赖它们。

——Michael Nygard, *Architecture Without an End State*

除了协调之外，还存在其他问题，如图 1.8 所示。在共享环境中运行意味着测试可能成功或者失败，原因与正在测试的服务或测试本身无关。它们可能会失败，原因是与使用相同数据的其他团队的资源争用、占用共享服务的服务器资源或者环境的不稳定。由于无法在所有服务中设置一致的测试数据，测试可能会失败，或者几乎不可能开始编写。

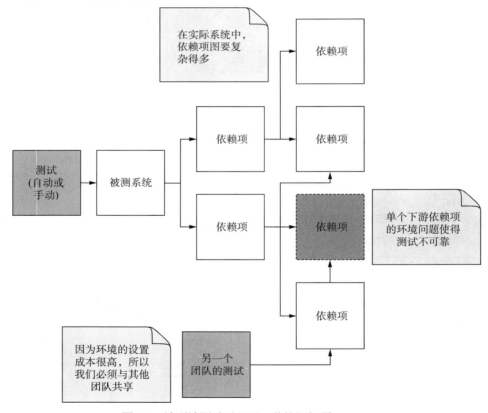

图 1.8　端到端测试引入了一些协调问题

事实证明，其他行业已经解决了这个问题。例如，汽车由多个部件组成，整体而言每个部件都可以独立于汽车来投放市场。但除了修理汽车，没有人会单独购买发电机或者轮胎。尽管如此，即使从来没有在你的汽车上做过测试，这些零部件的生产和销售对于公司来说还是很常见的。

汽车蓄电池标配负极和正极端子。你可以在车外测试电池，方法是将电压表连接到这两个端子上，并确认电压为 12.4～12.7V。当启动汽车时，交流发电机负责给电池充电，但可以通过提供电流作为蓄电池的输入并测量电压，从而独立于交流发电机来验证电池是否有效。这样的测试告诉我们，如果交流发电机工作正常，那么电池也工作正常。可以通过使用一台假发电机来获得确认电池有效所需要的大部分信心。

服务虚拟化只涉及使用通过网络操作的测试双精度，这类似于在没有真正交流发电机的情况下如何测试汽车电池。假定使用标准接口，可以将运行时环境隔离到与测试单个服务或者应用程序相关的位中，并伪造其余部分。在传统的模拟和存根库中，可以消除依赖性并将其注入对象的构造函数中，从而允许测试单独查看被测对象。通过服务虚拟化，我们可以虚拟化一种服务，并配置测试中的服务以便将虚拟化服务的 URL 用作运行时依赖项(见图 1.9)。可以使用一组特定的屏蔽响应来设置虚拟服务，从而支持单独查看测试中的服务。

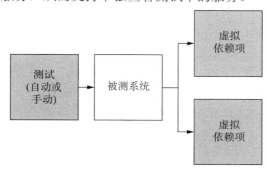

图 1.9　使用服务虚拟化进行测试

服务虚拟化允许我们在严格控制运行时环境的同时对服务进行黑盒测试。虽然不具备集成测试具有的端到端保证，但它确实使测试变得更容易。当我们试图在库存不足时提交订单，如果需要测试你的购物车会做什么，那么不必考虑如何更改库存系统来运行测试。你可以虚拟化库存服务，并将其配置为使用缺货消息进行响应。还可以充分利用窄服务接口提供的缩减耦合，从而大幅减少所需要的测试设置工作量。

在给定相同的代码进行测试时，确定性测试的结果总是成功或失败。不确定性是测试人员最不希望出现的。每当你试图通过重新运行上次已经成功的测试来"修复"某个失败的测试时，会发现结果不尽如人意。自动化测试为团队创建了一种社交合约：当测试中断时，可以修复代码。当允许进行不稳定测试时，就会放弃这种社交合约。当团队不能确信测试会带给他们有意义的反馈时，可能会发生各种不良行为，包括完全忽略生成的输出。

为了让测试能够确定地运行，需要控制虚拟服务返回的结果。根据测试的类型和复杂程度，可以通过多种方式来进行响应。运行性能测试时，需要对虚拟服务执行数千个请求，此时针对服务来编写自动化行为测试并测试边缘案例的方法可能不会有效。

1.3.1　使用 API 逐个设置测试

最简单的方法是镜像模拟库的功能：直接与模拟对象联系。单元测试社区经常提到 3A 模式，也就是说每个测试都有 3 个组件：安排、行动和断言。首先设置运行测试所需要的数据(安排)，然后运行测试中的系统(行动)，最后断言自己得到了预期的响应(见图 1.10)。服务虚拟化可以通过一个允许动态配置虚拟服务的 API 来支持这种方法。

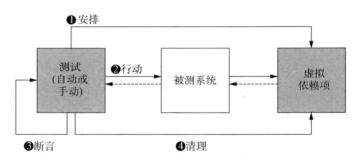

图 1.10　服务虚拟化支持标准的单元测试模式

这种方法支持为每个测试创建一个实验室环境，以便严格控制正在测试的服务的输入和依赖性。然而，它确实做了一些基本假设。首先，它期望每个测试从头开始，这意味着每个测试必须删除它所添加的测试数据，以防止该数据干扰后续的测试。其次，如果多个测试并行运行，该方法无效。这两种假设非常适合自动化行为测试，因为测试运行人员通常会确保测试是连续运行的。

只要每个开发人员运行自己的虚拟服务，就可以避免并发测试运行带来的资源争用。

1.3.2　使用持久数据存储

对于手动测试人员来说，逐个测试来创建测试数据不太好用，如果多个测试人员正在访问同一个虚拟服务，那么它就不起作用，而且在需要大量数据的情况下(例如性能测试)也不起作用。为解决这些问题，可以配置虚拟服务以便从持久存储中读取测试数据。使用逐个测试方法来测试数据创建，你需要做的就是告诉虚拟服务下一个响应应该是什么样子。使用数据存储，将需要某种方式来根据请求中的内容决定发送哪个响应。例如，可以根据请求 URL 中的标识符返回不同的响应(见图 1.11)。

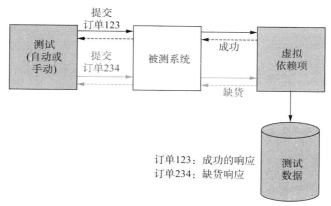

图 1.11　使用来自数据存储的持久性测试数据

这种方法的缺点是将安排步骤从测试中移除，这意味着想要理解每个测试的目的，需要一些它没有直接指定的信息。如果正在测试各种情况下提交订单时会发生什么情况，例如，需要知道订单 123 应该有适当的库存，而订单 234 应该会遇到缺货的情况。所设置的配置位于数据存储中，而不是测试的安排部分。

1.3.3　记录和重放

一旦确定了存储测试数据的位置，下一个问题就是如何创建它。对于自动化行为测试来说，这几乎不是问题，因为你将创建特定于测试场景的数据。但如果使用的是持久性数据存储，那么创建测试数据通常是一个重大的挑战，尤其是在需要大量真实数据时。解决方案通常是按照某种方式记录与实际依赖项的交互，该方式允许通过虚拟服务播放它们(见图 1.12)。

记录响应的技巧是，在播放录制的响应之前，仍然需要对必须匹配的请求指定一些条件。你需要知道，URL 中订单标识符的作用是将成功的订单提交响应与缺货响应分开。

服务虚拟化并不是一剂灵丹妙药，它自身不足以弥补由放弃端到端测试所带来的问题。但它是分布式世界中现代测试策略的重要组成部分，当把服务虚拟化与其他技术结合来创建连续的传输管道时，我们将在第 9 章和第 10 章中探讨如何解决这些问题。

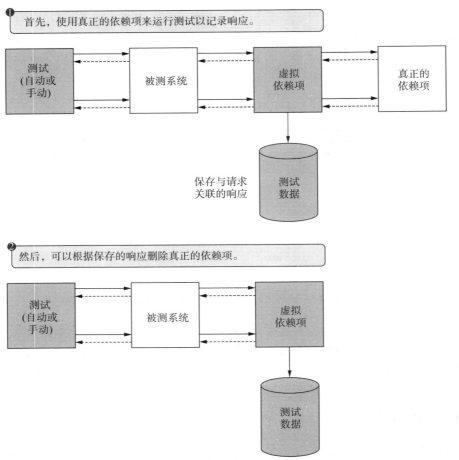

图 1.12　捕获真实流量以备日后重放

服务虚拟化不仅仅适用于微服务

尽管这里的重点是微服务及其在所需要的测试策略中的变化，但在许多其他环境中，服务虚拟化是一种很有用的工具。一个常见的用例是移动开发，移动团队需要能够独立于构建 API 的团队进行开发。在移动生态系统中竞争的需要促使许多组织将其集成方法更改为基于 HTTP 的 API，移动开发人员在开发前端代码时可以利用这一事实来虚拟化这些 API。

1.4　mountebank 介绍

mountebank 指的是江湖骗子。它来源于意大利语，字面意思是坐在长凳上，可以捕捉到蛇油推销员的行为，他们诱骗不知情的消费者为江湖郎中的药品掏腰包。这是一个描述 mountebank[4]工具所具有功能的有用的词，也就是说，它与你的测试合谋来欺骗被测系统，从而相信 mountebank 是一个真正的运行时依赖项。

mountebank 是一种服务虚拟化工具。它支持我们看到的所有服务虚拟化场景：逐个测试使用 API 进行行为测试，使用持久数据存储，并作为记录和重放情况的代理。mountebank 还支持根据请求的某些条件来选择响应，并在记录播放的播放阶段选择用来区分响应的请求字段。本书剩下的大部分内容将讨论这些场景以及更多内容，以帮助你为微服务构建一个健壮的测试策略，因为健壮的测试策略是解锁发布独立性的关键。

mountebank 是一个独立的应用程序，它提供一个 REST API 来创建和配置虚拟服务，这些服务在 API 中称为 imposter(见图 1.13)。将正在测试的服务配置为指向 mountebank 创建的 imposter，而不是将其配置为指向真实服务的 URL。

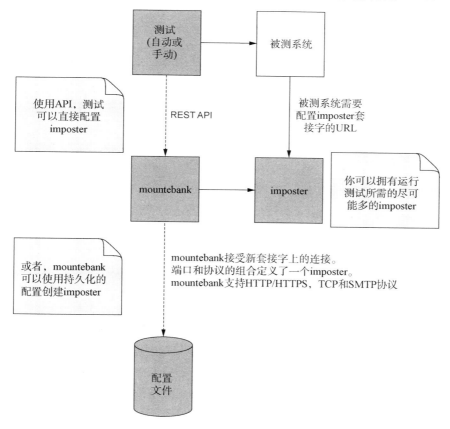

图 1.13 使用简单的 mountebank imposter 配置虚拟服务

[4] 自从 mounterbank 最初发布以来，我在编写工具时总是倾向于将 mountebank 中的 m 小写。在很大程度上，这与蛇油推销员用拟人化的手法编写文档的方式有关，他会声称除其他事情外，没有利用自己的名字，这是骗人的。无论历史渊源如何，它现在在风格上有点出乎意料的不同。

每个 imposter 代表一个套接字，它充当虚拟服务并接受正在测试的真实服务的连接。旋转和关闭 imposter 是一种轻量级操作，因此通常使用自动化测试的安排步骤来创建它，然后在每个测试的清理阶段将其关闭。尽管我们在本书的大多数示例中使用 HTTP/HTTPS，但是 mountebank 支持其他协议，包括 TCP 上的二进制消息，预计很快会有更多协议。

正如 Perl 脚本语言的创建者 Larry Wall 曾经说过的那样，一个好工具的目标是使简单的事情变得容易，困难的事情成为可能[5]。mountebank 试图通过一组丰富的请求匹配和响应生成功能来实现这一目标，并尽可能合理地通过多个默认值进行平衡。图 1.14 显示了 mountebank 如何将请求与响应匹配。

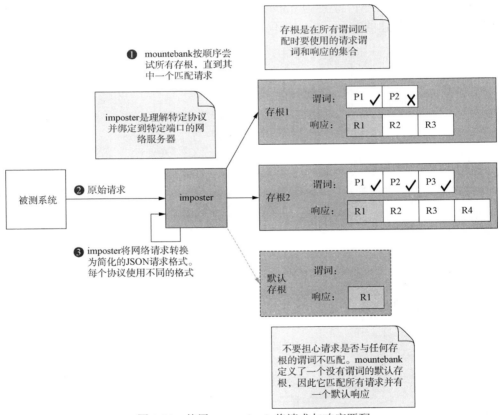

图 1.14　使用 mountebank 将请求与响应匹配

网络协议是复杂的事物。imposter 的第一项工作是将特定于协议的请求简化为 JSON 结构，这样就可以把请求与一组谓词匹配起来。每个协议都有自己的请求 JSON 结构；我们将在下一章中介绍 HTTP 的结构。

---

[5] 使用了很多"企业级"工具的大多数开发人员都会意识到，这种说法与其真实状况相差甚远。

可以使用存根列表配置每个 imposter。存根只不过是一个或多个响应的集合，也可以是一个谓词列表。谓词是根据请求字段定义的，每个谓词都具有一定的含义，例如"请求的字段 X 必须等于 123"。任何正常的模拟工具都不会让用户只使用简单的等号作为唯一的比较运算符，mountebank 使用特殊的谓词扩展来提高效率，从而让使用 XML 和 JSON 更加容易。第 4 章详细讨论了谓词。

mountebank 按列表顺序将请求传递给每个存根，并选择与所有谓词匹配的第一个存根。如果请求与定义的任何存根都不匹配，那么 mountebank 将返回一个默认响应，否则，它将返回存根的第一个响应。这让我们知道了如何生成响应(见图 1.15)。

发生的第一件事情是将所选响应转移到列表的后面。这样在每次请求与存根谓词匹配时，可以按顺序循环响应。因为 mountebank 将请求转移到后面，而不是将其删除，所以永远不会用完这些可以重新使用的响应。这种数据结构就是学术界所说的循环缓冲区，因为循环更倾向于从头开始而不是直接结束。

图 1.15 中的响应解析器框有点简化。每个响应负责生成一种 JSON 结构，该结构表示了协议特定的响应字段(如 HTTP 状态代码)，可以按照不同的方式来生成这些字段。mountebank 有三种不同的响应类型，它们采用完全不同的方法来生成 JSON。

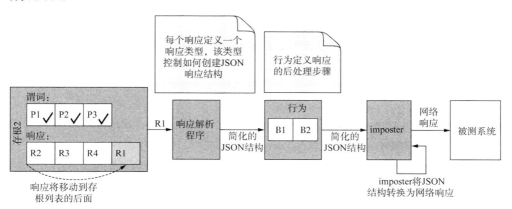

图 1.15　在 mountebank 中使用存根中的谓词和响应来生成响应

- is 响应类型按照原样返回所提供的 JSON，创建一个屏蔽响应。我们在第 3 章中讨论屏蔽响应。
- proxy 响应类型将请求转发到真正的依赖项，并将其响应转换为 JSON 响应结构。使用代理来实现记录播放功能，我们将在第 5 章中对其进行描述。
- inject 响应类型允许你使用 JavaScript 以编程方式定义响应 JSON。注入是当 mountebank 的内置功能不能完全满足需要时，如何将其扩展，我们会在第 6 章中介绍这一点。

一旦响应得到解决，mountebank 将 JSON 结构传递给行为进行后处理。我们将在第 7 章中讨论的行为包括：

- 将值从请求复制到响应中。
- 为响应添加延迟。
- 重复响应，而不是将其移到列表的后面。

到目前为止，mountebank 只处理 JSON，并且每个操作(转发代理请求除外)都是与协议无关的。一旦响应 JSON 完成，imposter 会将 JSON 转换为一个协议感知的网络响应，并通过网络发送。尽管在本书中我们花费了大量的时间研究 HTTP 请求和响应，但是 mountebank 的所有核心功能都与任何支持的网络协议(甚至二进制协议)协同工作，在第 8 章中，我们将展示一些非 HTTP 示例。

为了使简单事情保持简单，mountebank 中几乎所有的内容都是可选的。那样你就可以由简入繁地逐步学习，我们将在下一章中介绍。

1.5　服务虚拟化工具生态系统

本书主要介绍两件事情：mountebank 以及服务虚拟化如何适应微服务测试策略。尽管这两个主题都很有价值，但是第二个主题要比 mountebank 广泛得多。

服务虚拟化生态系统提供了多种质量工具，既有开源的，也有商业的。商业工具在大型企业中仍然很流行，HP、CA 和 Parasoft 都提供了商业服务虚拟化工具，SmartBear 采用了 SoapUI(最初是非商业的)并将其转换为商业服务虚拟化工具包的一部分。许多商业工具都是高质量的，并且提供了比开源工具更丰富的功能集，例如更广泛的协议支持，但是根据我的经验，它们都会降低开发人员的体验，并影响真正的持续交付(第 9 章提供了更全面的评论)。对于开源工具，我认为 mountebank 具有最接近商业工具的完整功能集。

开源工具提供了一组丰富的选项，主要是为了虚拟化 HTTP。WireMock 可能是 mountebank 最受欢迎的替代方案。虽然 mountebank 的目标是通过让其公共 API 在 HTTP 上进行 REST 来实现跨平台，但是 WireMock(以及许多其他工具)针对特定平台进行了优化。尽管这涉及权衡，但 WireMock 在纯基于 Java 的项目中更容易启动，因为不必担心调用 HTTP API 或者构建过程中任何复杂的连接。

mountebank 有一个语言绑定和构建插件的生态系统，但是必须搜索它们，并且它们不会公开工具的全部功能(在下一章中，你将看到一个使用 JavaScript 封装 REST API 的示例，第 8 章中有一个使用预构建的 C#语言绑定的示例)。也就是说，和 WireMock 相比，mountebank 具有更广泛的可移植性。

另一个流行的示例是 Hoverfly，一种新的基于 Go 的服务虚拟化工具，它作为工具链的一部分在中间件中存在，并支持高度定制。mountebank 以 shellTransform

行为的形式提供中间件，我们将在第 7 章中看到这一点。Moco 和 stubby4j 是其他基于 Java 的流行选项，虽然 stubby4j 已经被移植到多种语言中。

正如你将在本书第Ⅲ部分看到的那样，服务虚拟化在许多场景中都有帮助，并且一种工具并不总是适用于每个场景。许多商业工具的目标是集中化测试，包括性能测试。很多开源工具都是为了在开发过程中进行功能服务测试时获得友好的开发人员体验。我相信 mountebank 在开源世界中是独一无二的，因为它希望支持全系列的服务虚拟化用例，包括性能测试(我们将在第 10 章中看到)。也就是说，如果你使用另一种工具来进行某些类型的测试，这并不会影响我的感受，我也希望本书能帮助你确定在不同类型测试中的需求，以便在微服务的世界中茁壮成长。

1.6　本章小结

- 微服务代表了一种架构方法，它可以提高交付吞吐量和速度。
- 要充分发挥微服务的潜力，必须独立将其发布。
- 为了获得发布独立性，还必须独立进行测试。
- 服务虚拟化允许对服务进行独立的黑盒测试。
- mountebank 是一个用于测试微服务的开源服务虚拟化工具。

第2章

体验mountebank

本章主要内容：
- 了解 mountebank 如何虚拟化 HTTP
- 安装并运行 mountebank
- 在命令行中研究 mountebank
- 在自动化测试中使用 mountebank

正如 Amazon 销售书籍一样，在尝试提供宠物用品的过程中，Pets.com 的失败是千禧年之交网络公司破产事件中最引人注目的。该公司策划了一场以著名的马甲为特色的精彩营销活动，表面上具有取得成功所需要的一切要素。然而，在不到一年的时间里，它就从首次公开募股(IPO)走向了清算，成为互联网泡沫破灭的代名词。

有商业头脑的人声称 Pets.com 失败是因为网上订购宠物用品没有市场，或者是因为缺乏可行的商业计划而失败……或者是因为公司以低于购买和分销成本的价格销售产品。但作为技术专家，我们更清楚。

Pets.com 仅仅犯了两个重要的错误。他们没有使用微服务，更重要的是，他们没有使用 mountebank[1]。很明显，我们现在比以往更加需要互联网提供的宠物用品。Pets.com 纠正技术错误早该完成。在本章中，我们将开始介绍现代宠物用品公司的微服务架构，并展示如何使用 mountebank 来维护服务之间的发布独立性。

---

[1]　当然，我在开玩笑。当时既不存在微服务也不存在 mountebank。

2.1 设置示例

虽然建立一个在线宠物供应网站有点开玩笑的意味，但可以将它作为一个有用的参考，使你熟悉 mountebank。作为一个电子商务平台，它看起来类似于你在第 1 章中看到的 Amazon.com 示例。

图 2.1 所示的架构是简化的，但它使用起来相当复杂。右边的每个服务都有自己的一组运行时依赖项，但我们将从网站团队的角度来研究架构。一个好架构的标志是，尽管需要了解一些自己的依赖项，但并不需要知道其他团队的依赖项。我还介绍了一个 facade 层，它代表的是与特定通道相关的表示性 API。这是一种通用模式，它聚合下游服务调用并将其转换为针对通道(移动、Web 等)优化的格式。

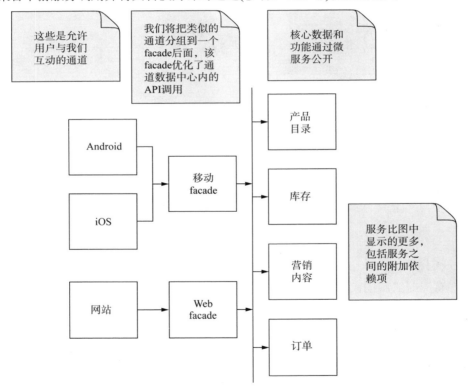

图 2.1   研究 mountebank 的参考架构

与库和框架不同，使用 HTTP 进行集成的一个优点是，你可以使用 API，而不需要知道该 API 是用什么语言编写的[2]。例如，你可以完全接受 Java 中的产品目录服务和 Scala 中的库存服务。事实上，能够更容易地采用新技术是微服务的另一个好处。

---

[2]   正是这个事实使 mountebank 可以在任何语言中使用。

2.2　HTTP 和 mountebank：入门

HTTP 是一种基于文本的请求-响应网络协议。HTTP 服务器知道如何将文本解析为其组成部分，但它非常简单，不需要借助计算机就能够进行解析。

mountebank 假定你对这些组成部分很满意。毕竟，如果不首先理解一个真实的 HTTP 服务是什么样子，那么就别指望能够提供一个令人信服的伪造的 HTTP 服务。

让我们用需要支持的首个功能来深入研究 HTTP：列出可用的产品。幸运的是，产品目录服务有一个端点，用于检索 JSON 格式的产品。你需要做的就是进行正确的 API 调用，这看起来类似于图 2.2 中的 HTTP 语言。

任何 HTTP 请求的第一行都包含三个组件：方法、路径和协议版本。在这种情况下，方法是 GET，表示你正在检索信息，而不是尝试更改某些服务器资源的状态。路径是/products，并且正在使用 HTTP 协议的 1.1 版本。第二行以标题开始，即一组换行符分隔的键-值对。在本例中，Host 标题与路径和协议结合起来提供完整的 URL，就像你在浏览器中看到的那样：http://api.pets tore.com/products。Accept 标题告诉服务器你正在等待 JSON 返回。

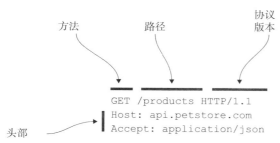

图 2.2　分解产品的 HTTP 请求

当产品目录服务收到该请求时，它返回一个类似于图 2.3 的响应。一个真实的服务在每页中可能会有更多的数据字段和更多的项目，但是我已经简化了响应以使其易于理解。

HTTP 请求和响应之间存在高度的对称性。尽管对于响应来说，最重要的元数据字段是状态代码，与请求的第一行一样，响应的第一行包含了元数据。200 状态表明 HTTP 成功，但如果你忘记了，它会在代码后面用 OK 这个词告诉你。其他代码也有与之对应的单词，比如 400 对应于 BAD REQUEST，但是除了一个有用的提示外，文本没有任何其他用途。用来与 HTTP 服务集成的库只关心代码，而不是文本。

标题在元数据之后，但这里你可以看到 HTTP 正文。正文总是用空行与标题分隔开，即使 HTTP 请求没有正文，你将在本书中看到很多这样的例子。

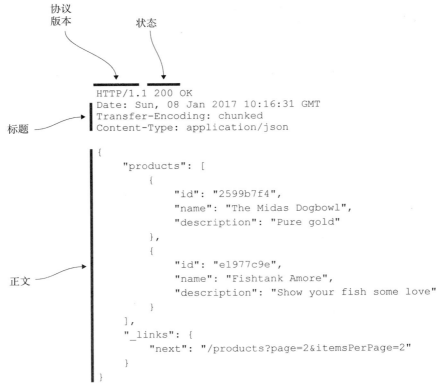

图 2.3　来自产品目录的响应

　　这个特定的正文包含了到下一页结果的链接，这是在服务中实现分页的一种常见模式。如果要创建链接之后的 HTTP 请求，它将类似于第一个请求，如图 2.4 所示。

图 2.4　向 HTTP 请求添加查询参数

　　两者的区别似乎在路径上，但是据我所知，每个 HTTP 库将为第一个和第二个请求提供相同的路径。问号后面的所有内容表明了什么叫查询字符串。(mountebank 将其称作查询)。与标题一样，查询也是一组键-值对，但是它们之间用&字符分隔开，并包含在 URL 中，用?字符与路径分隔开。

HTTP 的成功很大程度上归结于它的简单性。对于程序员来说，阅读文本格式和编写代码一样容易。这对你来说有好处，因为编写虚拟服务需要了解特定于协议的请求和响应格式，这些格式被视为简单的 JSON 对象，它们与 HTTP 库在任何语言中使用的标准数据结构非常相似。概括而言，图 2.5 显示了 mountebank 如何转换 HTTP 请求。

```
POST /products?page=2&itemsPerPage=2 HTTP/1.1
Host: api.petstore.com
Content-Type: application/json

{
    "key": "abc123"
}
```

```
{
    "method": "POST",
    "path": "/products",
    "query": {
        "page": "2",
        "itemsPerPage": "2"
    },
    "headers": {
        "Host": "api.petstore.com",
        "Content-Type": "application/json"
    },
    "body": "{\n    \"key\": \"abc123\"\n}"
}
```

图 2.5　mountebank 如何查看 HTTP 请求

注意，在图 2.5 中，即使正文是用 JSON 表示的，HTTP 自身并不理解 JSON，这就是 JSON 被表示为一个简单的字符串值的原因。在后面的章节中，我们将研究 mountebank 如何让使用 JSON 变得更容易。

图 2.6 显示了 mountebank 如何表示 HTTP 响应。

```
HTTP/1.1 200 OK
Date: Sun, 08 Jan 2017 10:16:31 GMT
Content-Type: application/json

{
    "key": "abc123"
}
```

```
{
    "statusCode": "200",
    "headers": {
        "Date": "Sun, 08 Jan 2017 10:16:31 GMT",
        "Content-Type": "application/json"
    },
    "body": "{\n    \"key\": \"abc123\"\n}"
}
```

图 2.6　mountebank 如何表示 HTTP 响应

这种转换类型适用于 mountebank 支持的所有协议——将应用程序协议细节简化为 JSON 表示。对于请求和响应，每个协议都有自己的 JSON 表示。mountebank 的核心功能是对这些 JSON 对象执行操作，幸运的是，它并不知道协议的语义。除了用于侦听和转发网络请求的服务器和代理之外，mountebank 的核心功能是协议不可知的。

既然已经了解了如何将 HTTP 语义转换为 mountebank，可以开始创建你的第一个虚拟服务了。

2.3　虚拟化产品目录服务

一旦了解了如何将代码库与服务集成，下一步就是搞清楚如何将其虚拟化以进行测试。继续我们的例子，让我们虚拟化产品目录服务，这样就可以单独测试 Web facade(见图 2.7)。

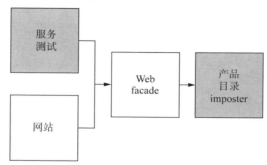

图 2.7　虚拟化产品目录服务以测试 Web facade

记住，imposter 是 mountebank 中虚拟服务的术语。mountebank 附带了一个 REST API，它允许你创建 imposter，并使用任何语言编写测试。

> **mountebank、imposter 和听起来有趣的文档**
>
> 许多 mountebank 文档是用真正的 mountebank 语言编写的，容易出现不符合实际的情况。当最初编写这个工具时，我让 imposter 成为核心领域的概念，部分原因是它符合使用江湖骗子的同义词来描述虚假服务的主题，部分原因是它自嘲地取笑了我自己的冒名顶替综合症，一种像我这样的咨询师的慢性病。是的，正如 Paul Hammant(流行的 Selenium 测试工具的原始创建者之一，mountebank 的第一批用户之一)向我指出的那样，impostor(结尾是 "or" 而不是 "er")是 "正确" 的拼写。现在，mountebank 是一种全世界都在使用的流行工具，它配有一本畅销书(你手里拿着的这本)，Paul 还建议我更改文档以消除这种幽默。遗憾的是，他还没有指出我应该在哪里找到时间去做这些工作。

开始之前，需要安装 mountebank。网站 http://www.mbtest.org/docs/install 列出了几个安装选项，但是你要使用 npm，它是一个与 node.js 一起提供的包管理器，方法是在终端窗口键入以下命令：

```
npm install -g mountebank
```

-g 标志告诉 npm 全局安装 mountebank，这样就可以从任何目录运行它。让我们开始吧：

mb

你应当在终端上看到 mountebank 日志：

```
info: [mb:2525] mountebank v1.13.0 now taking orders -
➥ point your browser to http://localhost:2525 for help
```

未来在使用 mountebank 时日志将被证明是无价的，因此最好熟悉它。第一个词(本例中是 info)告诉了你日志级别，该级别可以是 debug、info、warn 或者 error。括号中的部分(mb:2525)告诉你协议和端口，然后是日志消息。默认情况下，管理端口以 mb 协议身份登录，并在端口 2525 上启动。(mb 协议是 HTTP，但是 mountebank 以不同的方式记录它，以便于识别)。你创建的 imposter 将使用不同的端口，但是会记录到终端中相同的输出流。启动日志消息指示你在 Web 浏览器中打开 http://localhost:2525，它将为运行的 mountebank 版本提供完整的文档集。

为演示如何创建 imposter，将使用一个名为 curl 的实用程序，它允许在命令行上进行 HTTP 调用。curl 默认出现在大多数类 UNIX 的 shell 上，包括 Linux 和 macOS。你可以使用 Cygwin，或者使用 Windows 现代版本附带的 PowerShell，将其安装在 Windows 上(接下来我们将展示一个 PowerShell 示例)。打开另一个终端窗口并运行代码清单 2.1 所示的代码[3]。

代码清单 2.1　在命令行中创建 imposter

```
curl -X POST http://localhost:2525/imposters --data '{          ← 创建新的
  "port": 3000,                                                     imposter
  "protocol": "http",                         通过端口和协议最低限
  "stubs": [{                                 度地定义每个 imposter
    "responses": [{
      "is": {
        "statusCode": 200,
        "headers": {"Content-Type": "application/json"},
        "body": {
          "products": [                              定义一个屏蔽的
            {                                        HTTP 响应
              "id": "2599b7f4",
              "name": "The Midas Dogbowl",
              "description": "Pure gold"
            },
            {
              "id": "e1977c9e",
              "name": "Fishtank Amore",
              "description": "Show your fish some love"
            }
```

---

[3]　可以从 https://github.com/bbyars/mountebank-in-action 下载源代码。

```
          ],
          "_links": {
            "next": "/products?page=2&itemsPerPage=2"
          }
        }
      }
    }]
  }]
}'
```

定义一个屏蔽的
HTTP 响应

　　需要注意的一点是，你正在将 JSON 对象作为 body 字段传递。就 HTTP 而言，响应正文是字节流。通常情况下，HTTP 将该流解释为一个字符串，这就是 mountebank 也需要字符串的原因[4]。也就是说，现在大多数服务都使用 JSON 作为通用语言。mountebank 本身就是关于 JSON 的新式服务，可以正确接受 JSON 正文。

　　Windows 中 PowerShell 上的等效命令要求你保存请求文件中的正文并将其传递给 Invoke-RestMethod 命令。将上面 curl 命令代码中的--data 参数后面的 JSON 保存到名为 imposter.json 的文件中，然后从同一目录中运行下面的命令：

```
Invoke-RestMethod -Method POST -Uri http://localhost:2525/imposters
➥-InFile imposter.json
```

注意日志中出现的情况：

```
info: [http:3000] Open for business...
```

　　现在括号中的部分显示了新的 imposter。随着更多 imposter 的添加，这将变得越来越重要。可以通过查看日志消息前面的 imposter 信息来消除所有日志条目的歧义。

　　你也可以使用我们之前看到的 curl 命令在命令行上测试 imposter，如图 2.8 所示。

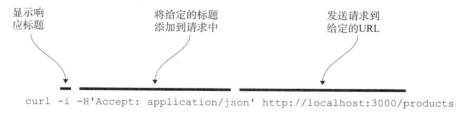

图 2.8　使用 curl 向虚拟产品目录服务发送请求

　　curl 命令打印出 HTTP 响应，如代码清单 2.2 所示。

---

[4]　mountebank 支持二进制响应正文，使用 Base64 对其进行编码。我们将在第 8 章中讨论二进制支持。

代码清单 2.2 curl 命令的 HTTP 响应

```
HTTP/1.1 200 OK
Content-Type: application/json
Connection: close
Date: Thu, 19 Jan 2017 14:51:23 GMT
Transfer-Encoding: chunked

{
  "products": [
    {
      "id": "2599b7f4",
      "name": "The Midas Dogbowl",
      "description": "Pure gold"
    },
    {
      "id": "e1977c9e",
      "name": "Fishtank Amore",
      "description": "Show your fish some love"
    }
  ],
  "_links": {
    "next": "/products?page=2&itemsPerPage=2"
  }
}
```

HTTP 响应包含了几个额外的标题，并且日期已经更改，但除此之外，它与图 2.3 所示的服务返回的实际值完全相同。不过这并不能解释所有的情况。不管 HTTP 请求是什么样子，imposter 都将返回完全相同的响应。可以在 imposter 配置中添加谓词来解决这个问题。

作为提醒，谓词是传入请求在 mountebank 发送相关响应之前必须匹配的一组条件。接下来创建一个只有两种产品可用的 imposter。我们将使用查询参数上的谓词在第二个页面的请求中显示一个空结果集。现在，通过按下 Ctrl+C 组合键重新启动 mb 以释放端口 3000，并再次键入 mb(你将很快看到更简洁的清理方式)。然后在单独的终端中使用代码清单 2.3 列出的命令。

代码清单 2.3 带有谓词的 imposter

```
curl -X POST http://localhost:2525/imposters --data '{
  "port": 3000,
  "protocol": "http",          ←——  使用两个存根可为不同
  "stubs": [                         请求提供不同的响应
    {
      "predicates": [{
```

```
         "equals": {                                          要求请求查询字符
           "query": { "page": "2" }                           串包含 page=2
         }
       }],
       "responses": [{
         "is": {                                              如果请求与
           "statusCode": 200,                                 谓词匹配,则
           "headers": {"Content-Type": "application/json"},   发送此响应
           "body": { "products": [] }
         }
       }]
     },
     {
       "responses": [{
         "is": {
           "statusCode": 200,
           "headers": { "Content-Type": "application/json" },
           "body": {
             "products": [
               {
                 "id": "2599b7f4",
                 "name": "The Midas Dogbowl",
                 "description": "Pure gold"
               },
               {
                 "id": "e1977c9e",
                 "name": "Fishtank Amore",
                 "description": "Show your fish some love"    否则,发送
               }                                              此响应
             ],
             "_links": {
               "next": "/products?page=2&itemsPerPage=2"
             }
           }
         }
       }]
     }
   ]
}'
```

现在,如果向 imposter 发送一个不带查询字符串的请求,那么将得到与之前相同的响应。但是,将 page=2 添加到查询字符串会生成一个空的产品列表:

```
curl -i http://localhost:3000/products?page=2
HTTP/1.1 200 OK
Content-Type: application/json
```

```
Connection: close
Date: Sun, 21 May 2017 17:19:17 GMT
Transfer-Encoding: chunked

{
    "products": []
}
```

在命令行中研究 mountebank API 是熟悉它并尝试 imposter 配置体验的一种很好的方法。如果将 Web facade 的配置更改为指向 http://localhost:3000 而不是 https://api.petstore.com，会获得我们定义的产品，并且能够手动测试该网站。你已经在将自己与真实服务分离的道路上迈出了一大步。

Postman 作为命令行的替代方案

尽管使用诸如 curl 的命令行工具非常适合于轻量级的实验，并且非常适用于书本格式，但是使用更加图形化的方法来组织不同的 HTTP 请求通常也很有用。Postman(https://www.getpostman.com/)已经被证明是使用 HTTP API 的非常有用的工具。它最初是一个 Chrome 插件，但是现在可以从 Mac、Windows 和 Linux 系统中下载。它允许你填写各种 HTTP 请求字段并保存请求以供将来使用。

也就是说，服务虚拟化的真正好处在于实现自动化测试。让我们看看如何将 mountebank 连接到测试套件。

2.4　第一个测试

为了在网站上正确显示产品，Web facade 需要将来自产品目录服务的数据与来自营销内容服务的营销文案相结合(见图 2.9)。添加测试以验证访问网站的数据是否有效。

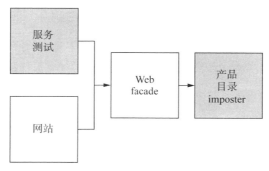

图 2.9　将产品数据与营销文案相结合

Web facade 提供给网站的数据应当同时显示产品目录数据和营销内容。Web

facade 的响应应当如代码清单 2.4 所示。

代码清单 2.4　产品数据与营销内容相结合

```
HTTP/1.1 200 OK
Content-Type: application/json
Date: Thu, 19 Jan 2017 15:43:21 GMT
Transfer-Encoding: chunked

{
  "products": [                                    来自产品目录服务,
    {                                              但也用于查找内容
      "id": "2599b7f4",
      "name": "The Midas Dogbowl",                 来自产品
      "description": "Pure gold",                   目录服务
      "copy": "Treat your dog like the king he is", 来自营销
      "image": "/content/c5b221e2"                  内容服务
    },
    {
      "id": "e1977c9e",
      "name": "Fishtank Amore",
      "description": "Show your fish some love",
      "copy": "Love your fish; they'll love you back",
      "image": "/content/a0fad9fb"
    }
  ],
  "_links": {
    "next": "/products?page=2&itemsPerPage=2"
  }
}
```

让我们编写一个服务测试来验证：如果产品目录和内容服务返回给定的数据，那么 Web facade 将会结合如上所示的数据。尽管 mountebank 的 HTTP API 允许在任何语言中使用它，但是我们使用 JavaScript 作为示例。你要做的第一件事就是让测试容易创建 imposter。使构建复杂配置更容易的一种常见方法是使用所谓的 fluent 接口，它允许你将函数调用链接在一起以增量方式构建复杂配置。

代码清单 2.5 中的代码使用 fluent 接口在代码中构建 imposter 配置。每个 withStub 调用在 imposter 上创建一个新的存根，并且每个 matchingRequest 和 respondingWith 调用分别向存根添加谓词和响应。完成后，调用 create 来使用 mountebank 的 REST API 以创建 imposter。

代码清单 2.5 使用 fluent 接口在代码中构建 imposter

```
require('any-promise/register/q');
var request = require('request-promise-any');

module.exports = function (options) {
  var config = options || {};
  config.stubs = [];

  function create () {
    return request({
      method: "POST",
      uri: "http://localhost:2525/imposters",
      json: true,
      body: config
    });
  }

  function withStub () {
    var stub = { responses: [], predicates: [] },
      builders = {
        matchingRequest: function (predicate) {
          stub.predicates.push(predicate);
          return builders;
        },
        respondingWith: function (response) {
          stub.responses.push({ is: response });
          return builders;
        },
        create: create,
        withStub: withStub
      };

    config.stubs.push(stub);
    return builders;
  }
  return {
    withStub: withStub,
    create: create
  };
};
```

使调用 HTTP 服务更容易的 node.js 库

node.js 向不同文件公开函数的方法

调用 REST API 以创建 imposter

fluent 接口的入口点——每次调用都会创建一个新的存根

向存根中添加新的请求谓词

向存根添加新的响应

JavaScript:ES5 和 ES2015

现代 JavaScript 语法是在 EcmaScript(ES)规范的版本中定义的。在撰写本文的时候，ES2015 添加了一系列句法点缀，正在被广泛采用，但是 ES5 仍然拥有最广泛的支持。尽管这些句法点缀在你一旦习惯了之后是很不错的，但是它们使代码对于非 JavaScript 开发人员来说更加不透明。因为这不是一本关于 JavaScript 的书，所以这里使用 ES5 重点关注 mountebank。

你将会很快看到 fluent 接口如何让使用的代码更简洁。使其起作用的关键是在生成器中公开 create 和 withStub 函数，这允许你将函数链接在一起以构建整个配置并将其发送到 mountebank。

假设将上述代码保存在名为 imposter.js 的文件中，然后就可以在端口 3000 上使用它来创建产品目录服务响应。代码清单 2.6 中的代码复制了之前在命令行中所做的操作，并展示了 fluent 接口提供的函数链接如何使代码更容易执行。在 test.js 中保存下面的代码。

代码清单 2.6　在代码中创建产品 imposter

```
var imposter = require('./imposter'),          ◀── 导入 fluent 接口
    productPort = 3000;

function createProductImposter() {
  return imposter({                            ◀── 将根级别信息传
    port: productPort,                              入 entry 函数中
    protocol: "http",
    name: "Product Service"
  })
  .withStub()
  .matchingRequest({equals: {path: "/products"}})   ◀── 添加请求谓词
  .respondingWith({                            ◀── 添加响应
    statusCode: 200,
    headers: {"Content-Type": "application/json"},
    body: {
      products: [
        {
          id: "2599b7f4",
          name: "The Midas Dogbowl",
          description: "Pure gold"
        },
        {
          id: "e1977c9e",
          name: "Fishtank Amore",
          description: "Show your fish some love"
        }
      ]
    }
  })                                           ◀── 向 mountebank 端点
  .create();                                        发送 POST 以创建
}                                                   imposter
```

　　关于如何创建产品目录 imposter，有几点值得注意。首先，在 imposter 中添加了 name。除了日志格式化消息的方式之外，name 字段并不会更改 mountebank 中的任何行为。name 包含在文本的括号中，以便使 imposter 更容易理解日志消息。如果在创建 imposter 之后查看 mountebank 日志，将看到重复的 name：

```
info: [http:3000 Product Service] Open for business...
```

　　这比记住每个 imposter 运行的端口要容易得多。

　　第二点需要注意的是，你添加了一个谓词来匹配 path。这并非绝对必需，因为，如果 Web facade 代码正在工作，测试将在没有它的情况下正确通过。但是，添加谓词会使测试更好。它不仅验证了给定响应的 facade 行为，还证实了 facade 对产品服务提出了正确的请求。

　　我们还没有看过营销内容服务。它接受查询字符串上的 ID 列表，并为提供的每个 ID 返回一组内容条目。代码清单 2.7 中的代码使用产品目录服务提供的同一个 ID 创建了 imposter。(将此添加到之前创建的 test.js 文件中)

代码清单 2.7　创建内容 imposter

```
var contentPort = 4000;

function createContentImposter() {
  return imposter({
      port: contentPort,
      protocol: "http",
      name: "Content Service"
  })
  .withStub()
  .matchingRequest({
    equals: {
      path: "/content",                               仅当路径和查询匹配时
      query: { ids: "2599b7f4,e1977c9e" }              才响应
    }
  })
  .respondingWith({
    statusCode: 200,
    headers: {"Content-Type": "application/json"},
    body: {
      content: [
        {
          id: "2599b7f4",
          copy: "Treat your dog like the king he is",    内容服务将
          image: "/content/c5b221e2"                      返回的条目
        },
        {
```

```
            id: "e1977c9e",
            copy: "Love your fish; they'll love you back",
            image: "/content/a0fad9fb"
        }
      ]
    }
  })
  .create();
}
```

内容服务将
返回的条目

有了 createProductImposter 和 createContentImposter 函数，现在你可以编写一
个通过网络调用 Web facade 的服务测试，并验证它是否适当地聚合了来自产品目
录和营销内容服务的数据(见图 2.10)。

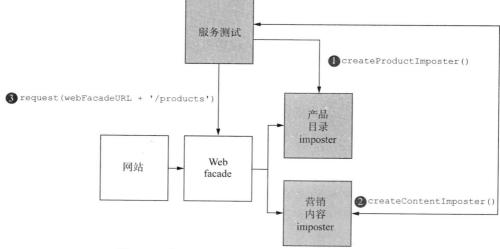

图 2.10　验证 Web facade 数据聚合的服务测试步骤

对于这个步骤，使用一个名为 Mocha 的 JavaScript 测试运行程序，它将每个
测试封装在 it 函数中，并将测试集合封装在 describe 函数中(类似于其他语言中的
测试类)。通过在代码清单 2.8 中添加代码，完成你一直创建的 test.js 文件。

代码清单 2.8　验证 Web facade

```
require('any-promise/register/q');
var request = require('request-promise-any'),
  assert = require('assert'),
  webFacadeURL = 'http://localhost:2000';

describe('/products', function () {
  it('combines product and content data', function (done) {
```

Mocha 在 describe 函
数中对多个测试进
行分组

每个 it 函
数代表一
个测试

```
createProductImposter().then(function () {        安排
  return createContentImposter();
}).then(function () {
  return request(webFacadeURL + '/products');  ←—— 行动
}).then(function (body) {
  var products = JSON.parse(body).products;

  assert.deepEqual(products, [  ←—— 断言
    {
      "id": "2599b7f4",
      "name": "The Midas Dogbowl",
      "description": "Pure gold",
      "copy": "Treat your dog like the king he is",
      "image": "/content/c5b221e2"
    },
    {
      "id": "e1977c9e",
      "name": "Fishtank Amore",
      "description": "Show your fish some love",
      "copy": "Love your fish; they'll love you back",
      "image": "/content/a0fad9fb"
    }
  ]);
  return imposter().destroyAll();  ←—— 清理
}).then(function () {
  done();                 告诉 Mocha 异
});                       步测试已完成
});
});
```

注意，你在测试中增加了一个步骤来清除 imposter。mountebank 提供了两种消除 imposter 的方法。可以通过向/imposters/:port URL 发送 DELETE HTTP 请求来删除单独的 imposter(其中:port 表示 imposter 的端口)，或者通过向/imposters 发出 DELETE 请求来删除单个调用中的所有 imposter。将其添加到 imposter.js 中的 imposter fluent 接口中，如代码清单 2.9 所示。

代码清单 2.9　添加删除 imposter 的功能

```
function destroy () {
  return request({
    method: "DELETE",                                传入 config 对
    uri: "http://localhost:2525/imposters/" + config.port  ←—— 象，如代码清
  });                                                       单 2.5 所示
}
function destroyAll () {
  return request({
```

```
  method: "DELETE",
  uri: "http://localhost:2525/imposters"
 });
}
```

现在你有了一个完整的服务测试, 通过虚拟化服务的运行时依赖项, 以黑盒的方式来验证服务的一些相当复杂的聚合逻辑(必须创建一些支架, 但是能够在所有测试中重用 imposters.js 模块)。运行这一测试的前提条件是 Web facade 和 mountebank 都在运行, 并且已经将 Web facade 配置为使用了 imposter 的适当 URL(产品目录服务为 http://localhost:3000, 营销内容服务为 http://localhost:4000)。

JavaScript promises

测试代码依赖于一个称为 promises 的概念, 以使其易于遵循。传统上, JavaScript 没有任何 I/O, 当 node.js 添加 I/O 功能时, 它以所谓的非阻塞方式执行这样的操作。这意味着需要将数据读或写到内存以外的地方的系统调用是异步完成的。应用程序请求操作系统从磁盘或网络中读取数据, 然后在等待操作系统返回结果时继续进行其他活动。对于正在构建的 Web 服务来说, "其他活动"包括处理新的 HTTP 请求。

传统上, 操作系统完成操作后通过注册一个回调函数来告知 node.js 做什么操作。事实上, 默认情况下, 用于进行 HTTP 调用的请求库以这种方式工作, 如基于回调的 HTTP 请求中所示:

```
var request = require('request');
request('http://localhost:4000/products', function (error, response, body) {
    // Process the response here
})
```

这种方法的问题是, 嵌套多个回调函数会变得很难, 而且要想知道如何循环多个异步调用的序列, 需要非常复杂的技巧。通过 promises, 异步操作返回一个具有 then 函数的对象, 它与回调的作用一样。但是 promises 会带来各种简化, 使组合复杂的异步操作更加容易。你将在测试中使用它们以便使代码更容易阅读。

本书的第III部分将展示更全面的自动化测试以及如何将它们包含在连续的交付管道中。不过, 首先你需要熟悉 mountebank 的功能。第 II 部分逐步分解 mountebank 的核心功能, 从下一章开始, 将深入研究屏蔽响应以及 HTTPS。

2.5 本章小结

- mountebank 将 HTTP 应用程序协议字段转换为用于请求和响应的 JSON。

- mountebank 通过创建将协议与套接字绑定的 imposter 以虚拟化服务。可以使用 mountebank 的 RESTful API 来创建 imposter。
- 可以在自动化测试中使用 mountebank 的 API 来创建能够返回一组特定屏蔽数据的 imposter，从而允许单独测试应用程序。

第 II 部分

使用 mountebank

第 2 章中的测试是一种行为测试，但是服务虚拟化可以满足广泛的测试需求。要了解 mountebank 如何符合这一范围，需要研究该工具的全部功能。

我们刚刚看到的这个测试使用了服务虚拟化的基本构建块——事实上是任何存根工具评估请求以确定如何响应的能力。在第 3 章和第 4 章中，我们将介绍这些功能，包括关于 HTTPS 的附加上下文、管理配置文件以及利用 mountebank 内置的 XML 和 JSON 解析。

第 5 章和第 6 章展示了更高级的响应生成，支持一组更有趣的测试场景。通过添加记录和重放功能，可以动态生成测试数据来执行大规模测试，并为性能测试奠定基础(第III部分将对此进行检查)。以编程方式更改响应的能力为支持难以测试的场景(如 OAuth)提供了关键灵活性。

行为或者后处理步骤提供了高级功能。从管理 CSV 文件中的测试数据到添加响应延迟，行为提供了一套功能强大的工具，既可以简化测试，也可以支持更广泛的测试场景。我们将在第 7 章中研究行为。

我们通过查看 mountebank 支持的协议来完善该部分，这使得其他一切成为可能。尽管我们花了很多时间来研究 HTTP 用例，但是 mountebank 支持多种协议，在第 8 章中我们将探讨它如何与其他基于 TCP 的协议一起工作。

第 *3* 章

使用屏蔽响应进行测试

本章主要内容：
- is 响应类型，它是存根的基本构造块
- 在具有 HTTPS 服务器和相互身份验证的安全场景中使用 is 响应
- 使用文件模板保持 imposter 配置

    事实证明，is很可能是所有mountebank中最重要、最基础的概念。尽管imposter具有将协议绑定到端口的核心思想，但也许不敢苟同的是，它自身对测试策略几乎没有什么帮助。一个看起来像真实响应的响应——就被测系统而言，一个响应是真实响应——改变了一切。is 是伪装的关键。没有 is，将协议绑定到端口的服务就没有任何意义。添加响应功能，并像真实的服务一样进行响应，将该服务变成真正有用的 imposter。

    在 mountebank 中，is 响应类型是创建屏蔽响应的方式，或者是以配置的某种静态方式模拟真实响应的响应。虽然它是三种响应类型中的一种(proxy 和 inject是另外两种)，但它是最重要的一种方式。在本章中，我们将通过使用 REST API并将其保存在配置文件中来研究 is 响应。

    我们还将开始对关键安全问题进行分层。尽管到目前为止我们所有的示例都假定为 HTTP，但现实情况是，今天构建的任何完全基于 Web 的服务都将使用HTTP，并将传输层安全性(Transport Layer Security，TLS)分层放到 HTTP 协议上。因为在编写测试时，安全性尤其是身份验证通常是任何微服务实现要面对的第一个问题，所以我们考虑使用 HTTPS 服务器，它使用证书验证客户端。

    最后，我们将探讨如何保持 imposter 配置。毫无疑问，到目前为止你已经意

识到，在网络中删除服务要比在进程中删除对象详细得多。在开发生命周期的早期阶段，弄清楚如何以可维护的方式布局配置，对于使用服务虚拟化来转移测试是至关重要的。

3.1 屏蔽响应的基础

对于任何一本关于软件开发的书来说，跳过传统的"Hello world!"示例[1]都有点不合常理。在 HTTP 中"Hello world!"响应如代码清单 3.1 所示。

代码清单 3.1　HTTP 响应中的 Hello world!

```
HTTP/1.1 200 OK
Content-Type: text/plain

Hello, world!
```

正如你在第 2 章中看到的那样，在 mountebank 中返回该响应与将响应转换为适当的 JSON 结构一样简单，如代码清单 3.2 所示。

代码清单 3.2　JSON 中的 HTTP 响应结构

```
{
  "statusCode": 200,
  "headers": { "Content-Type": "text/plain" },
  "body": "Hello, world!"
}
```

要创建一个 HTTP imposter(监听端口 3000)以返回该响应，请将代码清单 3.3 所示的代码保存在 helloWorld.json 文件中。

代码清单 3.3　配置 imposter 以响应 Hello,world!

```
{
  "protocol": "http",          ◄── 协议定义了
  "port": 3000,                    响应结构
  "stubs": [{
    "responses": [{
                        告诉 mountebank 使用 is 响应
      "is": {      ◄──
        "statusCode": 200,
        "headers": { "Content-Type": "text/plain" },   定义要转换为 HTTP
                                                        的屏蔽响应
```

---

[1] Brian Kernighan 和 Dennis Ritchie 在他们的那本名著 *The C Programming Language* 中展示了如何在终端中打印"Hello,world!"。这已经成为一个常见的介绍性示例。

```
      "body": "Hello, world!"
    }
  }]
 }]
}
```

由于已经将协议设置为 http，因此可以在 is 响应中表示代码清单 3.2 中所需的 JSON 响应，并期望 mountebank 将其转换为代码清单 3.1 中所示的 HTTP。在运行 mb 的情况下，可以向 http://localhost:2525/imposters 发送 HTTP POST 来创建这一 imposter。你将会使用第 2 章中介绍的 curl 命令来发送 HTTP 请求[2]：

```
curl -d@helloWorld.json http://localhost:2525/imposters
```

-d@命令行开关读取下面的文件，并将该文件的内容作为 HTTP POST 正文发送。可以通过向端口 3000 发送任何 HTTP 请求来验证 mountebank 是否正确创建了 imposter[3]：

```
curl -i http://localhost:3000/any/path?query=does-not-matter
```

响应几乎但不完全是代码清单 3.1 中所示的"Hello,world!"响应：

```
HTTP/1.1 200 OK
Content-Type: text/plain
Connection: close
Date: Wed, 08 Feb 2017 01:42:38 GMT
Transfer-Encoding: chunked

Hello, world!
```

另外三个 HTTP 标题不知为何悄悄出现。要理解这些标题来自何处需要我们重新审视第 1 章中描述的默认响应的概念。

3.1.1　默认响应

请看图 3.1 中的示意图，它描述了 mountebank 如何根据响应来选择要返回的响应。

图 3.1 意味着如果请求与任何谓词都不匹配，那么将使用隐藏的默认存根。默认存根不包含谓词，因此它始终与请求匹配，并且只包含一个响应，即默认响应。如果创建一个没有任何存根的 imposter，那么可以看到这一默认响应：

---

[2]　可以随便使用 Postman 或者一些图形化的 REST 客户端。示例也可以在 https://github.com/bbyars/mountebank-in-action 上找到。

[3]　在下面的示例中，我将继续对 curl 使用-i 命令行参数，这告诉 curl 在终端中输出响应标题。

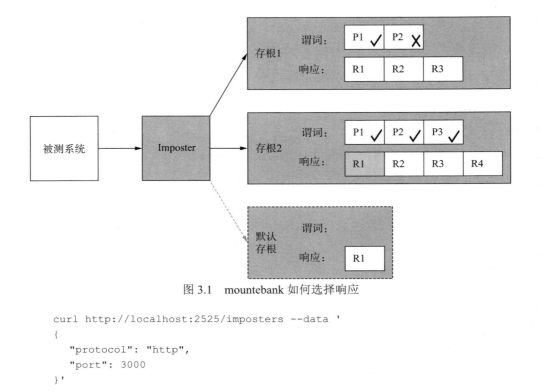

图 3.1　mountebank 如何选择响应

```
curl http://localhost:2525/imposters --data '
{
  "protocol": "http",
  "port": 3000
}'
```

注意　因为在多个示例中使用了端口 3000，所以你可能会发现必须关闭并重新启动
示例之间的 mountebank，以避免端口冲突。或者，可以使用 API 并通过向
http://localhost:2525/imposters(删除所有现有的 imposter)或者 http://localhost:
2525/imposters/3000(仅删除端口 3000 上的 imposter)发送 HTTP DELETE 命
令来清除以前的 imposter。如果使用 curl，命令将会是 curl -X DELETE
http://localhost:2525/imposters。

你还没有对失效的 imposter 做出任何响应，你只是说希望 HTTP 服务器监听
端口 30000。如果向该端口发送任何 HTTP 请求，将得到代码清单 3.4 中所示的默
认响应。

代码清单 3.4　mountebank 中的默认响应

```
HTTP/1.1 200 OK
Connection: close
Date: Wed, 08 Feb 2017 02:04:17 GMT
Transfer-Encoding: chunked
```

我们查看了第 2 章中的第一行响应，200 状态代码表示 mountebank 成功处理

了请求。Date 标题是任何有效的 HTTP 服务器发送的标准响应标题，提供了服务器对当前日期和时间的理解。另外两个标题需要更多的解释。

HTTP 连接：重用还是不重用？

HTTP 是一个建立在更低级网络协议之上的应用程序协议，其中最重要的一种协议(我们的目标)是 TCP。TCP 通过一系列消息负责在客户端和服务器之间建立连接，这些消息通常被称为 TCP 握手(见图 3.2)。

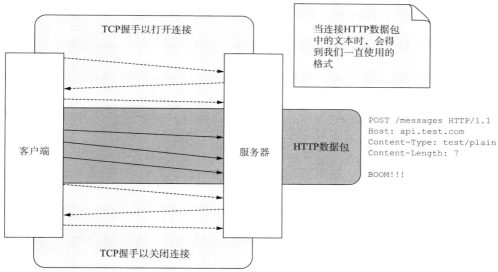

图 3.2　TCP 为 HTTP 消息建立连接

尽管用于建立连接的 TCP 消息(用虚线表示)是必要的，但是对于每个请求来说，它们并不是必需的。一旦建立了连接，客户端和服务器就可以在多个 HTTP 消息中重用它。这种能力非常重要，尤其是对于需要提供 HTML、JavaScript、CSS 和一组图像的网站来说，每个连接都需要在客户端和服务器之间来回往返。

HTTP 支持活动连接来作为性能优化。服务器通过将 Connection 头部设置为 Keep-Alive 来告知客户端保持连接打开。mountebank 默认设置为 close，这告知了客户端协商每次请求的 TCP 握手。如果正在编写服务测试，那么性能可能并不重要，而且你会更喜欢为每个请求提供确定的新连接。如果正在编写性能测试，那么虚拟化服务应当通过使用 keep-alive 连接进行调整，或者如果你的目的是确保应用程序在 keep-alive 连接中运行良好，那么应当更改默认值。

知道 HTTP 主体结束的位置

请注意，在图 3.2 中，单个 HTTP 请求可能包含多个数据包。(操作系统将数据分解成一系列数据包，以便充分利用网络将其发送)。服务器响应也是如此：看起来是单个响应的内容可能会用多个数据包传输。这样做的结果是，客户端和服务器需要某种方式来了解 HTTP 消息何时完成。有了标题就很容易：当标题行为空时，标题就结束了。但是无法预测 HTTP 主体中空行出现的位置，因此需要一种不同的策略。HTTP 提供了两种策略，如图 3.3 所示。

Transfer-Encoding：chunked

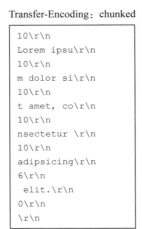

Content-Length

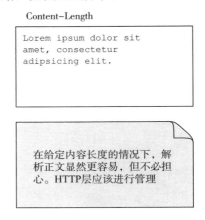

图 3.3　使用分块编码或者内容长度来计算正文结束的位置

　　默认的 imposter 行为设置了 Transfer-Encoding：chunked 头部，它将正文分解为一系列块，并在每个块前面加上所包含的字节数。特殊的格式描述了每个块，这使得解析相对容易。一次向正文发送一个块的好处是，服务器能够在拥有所有数据之前开始向客户端传输数据流。另一种策略是在发送块之前计算整个 HTTP 正文的长度，并在头部提供该信息。要选择该策略，服务器将 Content-Length 头部设置为正文中的字节数。

　　当创建 mountebank 时，我必须选择一种默认策略。事实上，我选择编写了 Web 框架 mountebank，这是 mountebank imposter 默认为分块编码的唯一原因。这两种策略是互斥的，因此，如果需要设置 Content-Length 头部，那么 Transfer-Encoding 头部就不会被设置。

3.1.2　了解默认响应的工作方式

　　既然你已经看到了默认响应的样子，那么现在就可以承认 mountebank 中没有默认存根。这是一个赤裸裸的谎言。很抱歉，我这样写感到有点内疚，但是对于没有存根匹配请求的情况来说，这是一种有用的简化。你可能还没有注意到，这正是 mountebank 的谎言。

　　实际情况是 mountebank 将默认响应合并到你提供的任何响应中。不提供响应与提供空的响应一样，这就是你在代码清单 3.4 中看到最纯粹的默认响应的原因。但是也可以提供部分响应，例如，下面的响应结构并不会提供所有响应字段：

```
{
  "is": {
    "body": "Hello, world!"
  }
}
```

不用担心。mountebank 仍将返回一个完整的响应，这有助于填充空白：

```
HTTP/1.1 200 OK
Connection: close
Date: Sun, 12 Feb 2017 17:38:39 GMT
Transfer-Encoding: chunked

Hello, world!
```

3.1.3　更改默认响应

mountebank 能够合并响应的默认值是一种极大的便利。正如我所建议的，它意味着你只需要指定不同于默认值的字段，这简化了响应配置。但只有默认值代表了你通常想要的值时，这才有用。幸运的是，mountebank 允许更改默认响应以更好地满足你的需求。

想象一个只想测试错误路径的测试套件。可以将 statusCode 默认设置为 400 Bad Request，以避免在每个响应中指定它。尽管无法删除 Date 标题(这是有效响应需要的)，但可以继续更改其他默认标题以使用 keep-alive 连接并设置 Content-Length 头部，如代码清单 3.5 所示。

代码清单 3.5　更改默认响应

```
{
  "protocol": "http",
  "port": 3000,
  "defaultResponse": {          ← 仅更改此 imposter 的内置默认响应
    "statusCode": 400,          ← 默认为错误请求
    "headers": {                ← 添加或更改默认头部
      "Connection": "Keep-Alive",   ← 使用 keep-alive 连接
      "Content-Length": 0       ← 设置 Content-Length 头部
    }
  },
  "stubs": [{
    "responses": [{
      "is": { "body": "BOOM!!!" }   ← 响应详细信息将合并到默认响应中
    }]
  }]
}
```

如果现在向 imposter 发送一个测试请求，它会将新的默认字段合并到响应中，如代码清单 3.6 所示。

代码清单 3.6　使用了新默认值的响应

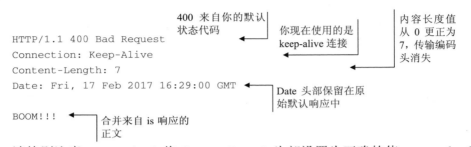

请特别注意，mountebank 将 Content-Length 头部设置为正确的值。mountebank imposter 不会发送无效的 HTTP 响应。

3.1.4　循环响应

让我们再想象一个测试场景：这次，将测试通过 HTTP POST 向订单服务提交订单时会发生什么。部分订单提交过程涉及检查以确保库存充足。从测试的角度来看，最棘手的部分是库存被售出并重新进货——对于同一种产品来说，库存不会保持不变。这意味着对库存服务的完全相同的请求每次都可以用不同的结果来响应(见图 3.4)。

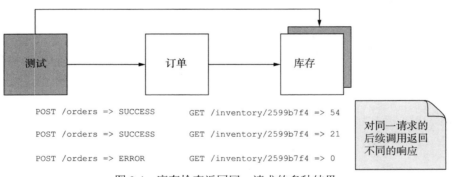

图 3.4　库存检查返回同一请求的多种结果

在第 2 章中，你看到了一个类似的示例，其中包含了对产品目录服务的请求，并针对同一路径返回了不同的响应。在该示例中，可以基于页面查询参数使用不同的谓词来确定要发送的响应，但在库存示例中，请求的任何内容都不允许你选择其中一个响应。

你需要一种方法，可以通过一组响应循环来模拟快速销售产品现有库存的波动性。解决方案是利用每个存根包含响应列表这一事实，如代码清单 3.7 所示。

mountebank 按照提供的顺序返回这些响应[4]。

```
{
  "port": 3000,
  "protocol": "http",
  "stubs": [
    {
      "responses": [
        { "is": { "body": "54" } },          按顺序返
        { "is": { "body": "21" } },          回的响应
        { "is": { "body": "0" } }
      ]
    }
  ]
}
```

第一个调用返回 54，第二个调用返回 21，第三个调用返回 0。如果测试需要
触发第四个调用，它将再次返回 54、21 和 0。mountebank 将响应列表视为一个无
限列表，其中第一个和最后一个条目像圆圈一样连接在一起，类似于第 1 章讨论
的循环缓冲数据结构。

如图 3.5 所示，返回无限列表时通过将每个响应转移到列表末尾来保持循环。
你可以尽可能多地在它们之间循环。

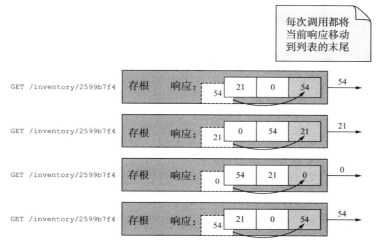

图 3.5　每个存根永远在响应中循环

---

[4]　请注意，在下面的示例和本书的其他几个示例中，我将使用过度简化的响应来节省空间并消除一
些误解。一个正常的库存服务不会只返回一个数字，但这样会使示例更容易理解，让你能够关注这样一个
事实：每个响应的某些数据是不同的。

在第 7 章中，我们将讨论可以对响应采取的各种有趣的后处理操作，但现在，你不需要了解关于屏蔽响应的更多信息。让我们换个角度来看看如何进行安全分层。

3.2　HTTPS imposter

为了简单起见，到目前为止，我们主要关注 HTTP 服务。事实上，真正的服务需要安全性，这意味着使用 HTTPS。S 代表 SSL/TLS，它为每个请求添加了加密和可选的身份验证。图 3.6 显示了 SSL 的基本结构。

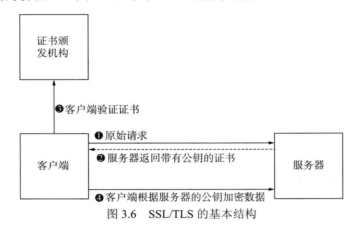

图 3.6　SSL/TLS 的基本结构

基础设施处理 HTTPS 的 SSL 层，因此，就应用程序而言，每个请求和响应都是标准的 HTTP。SSL 层的工作方式细节有点复杂，但使其发挥作用的关键概念是服务器的证书和服务器的密钥。在握手过程中，HTTPS 服务器向客户端提供了一个 SSL 证书，该证书描述了服务器的身份，包括诸如所有者、它所属的域以及有效期等信息。

完全有可能的是，恶意服务器可能会试图将自己冒充为 Google，希望你把只想传给 Google 的机密信息传递给它。这就是证书管理机构(CA)存在的原因。信任必须从某个地方开始，而 CA 是 SSL 世界中信任的基础。通过向组织信任的 CA 发送包含了数字签名的证书，就可以确认该证书实际上来自于 Google。

证书还包括服务器的公钥。最简单的加密方法是使用单个密钥进行加密和解密。因为效率问题，大多数通信依赖于单密钥加密，但首先客户端和服务器必须在其他人都不知道的情况下就所使用的密钥达成一致。在这个握手过程中，SSL 所依赖的加密类型使用了一种巧妙的策略，就是这两个操作需要不同的密钥：公钥用于加密，单独的私钥用于解密(见图 3.7)。这允许服务器共享其公钥，客户端使用该密钥进行加密，因为只有服务器具有私钥并且能够解密产生的有效载荷。

好消息是，创建 HTTPS 的 imposter 看起来就像创建 HTTP 的 imposter。唯一需要区别的是将协议设置为 http：

```
{
  "protocol": "https",
  "port": 3000
}
```

这对于快速设置 HTTPS 服务器非常有用，但是它使用 mountebank 附带的默认证书(和密钥对)。该证书既不安全又不可信。尽管对于某些类型的测试来说这是正常的，但是任何好的服务调用都应当验证该证书是可信的，如图 3.7 所示，它涉及对可信 CA 的调用。默认情况下，被测系统使用的 HTTPS 库应该拒绝 mountebank 内置的证书，这意味着它将无法连接到虚拟 HTTPS 服务。

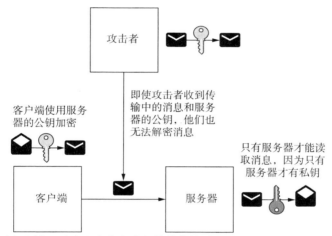

图 3.7   使用两个密钥可以防止攻击者读取传输中的消息，即使在共享加密密钥时也是如此

有三种方法可以选择。第一种方法是你可以配置要测试的服务，而不是验证证书是否可信。不要这样做。你不想冒险在生产过程中留下这样的代码，也不想为自己的服务测试一种行为(不进行证书验证)并将完全不同的行为部署到生产中(进行验证)。毕竟，测试的关键是要确认发送到产品的内容，这需要实际测试将要生产的产品。

第二种方法是避免使用 HTTPS 进行测试。与此相反，创建一个 HTTP imposter，并配置被测系统以指向它。被测系统使用的网络库应当支持这一变化，而不需要更改任何代码，并且通常可以信任它们使用 HTTPS。当你在本地机器上进行测试时，这是一种合理的选择。

第三种方法，如图 3.8 所示，是在测试环境中至少使用一个可信的证书。组织可以运行自己的 CA，使信任成为环境而不是应用程序的一部分。这允许你使用适当的可信证书来设置虚拟服务的测试实例。

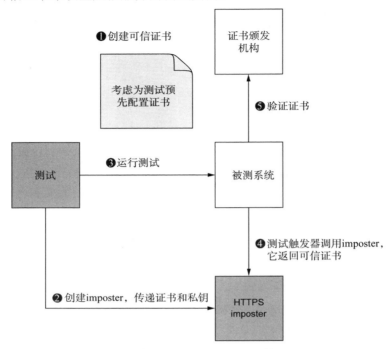

图 3.8   使用 HTTPS 设置测试环境

使用这种方法，测试将使用证书和私钥创建 imposter，如代码清单 3.8 所示。可以使用所谓的 PEM 格式将其传递，我们稍后讨论如何创建它们。

代码清单 3.8   创建 HTTPS imposter

```
{
  "protocol": "https",
  "port": 3000,
  "key": "-----BEGIN RSA PRIVATE KEY-----\n...",      从实际文本
  "cert": "-----BEGIN CERTIFICATE-----\n..."          中大大简化
}
```

这种设置仍然是不安全的。测试需要知道用来创建 imposter 的私钥，因此 imposter 将会知道如何解密来自被测系统的通信。证书与 URL 中的域名绑定，只要将域名分散到测试环境中，你就不会冒泄露任何产品秘密的风险。通过适当的环境分离，该方法可以在不改变系统行为的情况下测试被测系统，从而支持不受信任的证书。

3.2.1　设置可信的 HTTPS imposter

从历史上看，获得公共 CA 信任的证书是一个痛苦和混乱的过程，而且它花费了足够多的金钱来阻止它们在 mountebank 支持的轻量级测试场景中使用。使用 SSL 是互联网安全的基础，因此主要参与者正在努力改变这一过程，使那些没有公司资金支持的爱好者也能轻松地为他们注册的域名创建真正的证书。

Let's Encrypt (https://letsencrypt.org/)是一个免费的选项，它支持在公共 CA 的帮助下，以最小的代价为域名创建证书。每个 CA 都需要来自域名所有者的验证，以确保没有人能够获取不属于自己的域名证书。基于证书中所列的域的 DNS 查找，Let's Encrypt 使你可以通过往返请求来完全自动化这一过程(见图 3.9)。

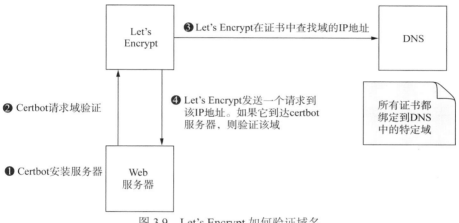

图 3.9　Let's Encrypt 如何验证域名

Let's Encrypt 使用一个名为 Certbot (https://certbot.eff.org)的命令行工具来自动创建证书。Certbot 希望在接收 SSL 请求的机器上安装客户端。客户端启动 Web 服务器并向 Let's Encrypt 服务器发送请求。Let's Encrypt 依次查找在 DNS 中请求的证书的域名，并向该IP地址发送请求。如果请求到达创建了第一个请求的 certbot 服务器，那么 Let's Encrypt 会验证你是否拥有该域名。

certbot 命令取决于所使用的 Web 服务器，因为它不断发展，你应当查看文档以了解详细信息。一般情况下，可以运行：

```
certbot certonly --webroot -w /var/test/petstore -d test.petstore.com
```

这将为 test.petstore.com 域创建一个证书，该证书由运行在/var/test/petstore 中的 Web 服务器提供。如果你使用的是类似 Apache 或 Nginx 的公共 Web 服务器，那么可以简化。有关详细信息，请参考 https://certbot.eff.org/docs/using.html#getting-certificates-and-choosing-plugins。

默认情况下，certbot 将 SSL 信息存储在/etc/letsencrypt/live/$domain 目录中，

其中$domain 是服务的域名。如果查看该目录，你会发现一些文件，但有两个与我们的目的相关：privkey.pem 包含私钥，cert.pem 包含证书。这两个文件的内容是在创建 HTTPS imposter 时，在 key 和 cert 字段中放入的内容。

PEM 文件有新行。示例证书如下所示：

```
-----BEGIN CERTIFICATE-----
MIIDejCCAmICCQDlIe97PDjXJDANBgkqhkiG9w0BAQUFADB/MQswCQYDVQQGEwJV
UzEOMAwGA1UECBMFVGV4YXMxFTATBgNVBAoTDFRob3VnaHRXb3JrczEMMAoGA1UE
CxMDT1NTMRMwEQYDVQQDEwptYnRlc3Qub3JnMSYwJAYJKoZIhvcNAQkBFhdicmFu
ZG9uLmJ5YXJzQGdtYWlsLmNvbTAeFw0xNTA1MDMyMDE3NTRaFw0xNTA2MDIyMDE3
NTRaMH8xCzAJBgNVBAYTAlVTMQ4wDAYDVQQIEwVUZXhhczEVMBMGA1UEChMMVGhv
dWdodFdvcmtzMQwwCgYDVQQLEwNPU1MxEzARBgNVBAMTCm1idGVzdC5vcmcxJjAk
BgkqhkiG9w0BCQEWF2JyYW5kb24uYnlhcnNAZ21haWwuY29tMIIBIjANBgkqhkiG
9w0BAQEFAAOCAQ8AMIIBCgKCAQEA5V88ZyZ5hkPF7MzaDMvHGtGSBKIhQia2a0vW
6VfEtf/Dk80qKaalrwiBZlXheT/zwCoO7WBeqh5agOs0CSwzzEEie5/J6yVfgEJb
VROpnMbrLSgnUJXRfGNf0LCnTymGMhufz2utzcHRtgLm3nf5zQbBJ8XkOaPXokuE
UWwmTHrqeTN6munoxtt99olzusraxpgiGCil2ppFctsQHle49Vjs88KuyVjC5AOb
+P7Gqwru+R/1vBLyD8NVNl1WhLqaaeaopb9CcPgFZClchuMaAD4cecndrt5w4iuL
q91g71AjdXSG6V3R0DC2Yp/ud0Z8wXsMMC6X6VUxFrbeajo8CQIDAQABMA0GCSqG
SIb3DQEBBQUAA4IBAQCobQRpj0LjEcIViG8sXauwhRhgmmEyCDh57psWaZ2vdLmM
ED3D6y3HUzz08yZkRRr32VEtYhLldc7CHItscD+pZGJWlpgGKXEHdz/EqwR8yVhi
akBMhHxSX9s8N8ejLyIOJ9ToJQOPgelI019pvU4cmiDLihK5tezCrZfWNHXKw1hw
Sh/nGJ1UddEHCtC78dz6uIVIJQC0PkrLeGLKyAFrFJp4Bim8W8fbYSAffsWNATC+
dVKUlunVLd4RX/73nY5EM3ErcDDOCdUEQ2fUT59FhQF89DihFG4xW4OLq42/pgmW
KQBvwwfJxIFqg4fdnJUkHoLX3+glQWWrz80cauVH
-----END CERTIFICATE-----
```

如果想要在发送 mountebank 的字符串中保留换行符，那么以典型的 JSON 方式使用'\n'进行转义。在本例中，为了清晰起见，缩短字段，生成的 imposter 配置如下所示：

```
{
    "protocol": "https",
    "port": 3000,
    "key": "-----BEGIN RSA PRIVATE KEY-----\nMIIEpAIBAAKC...",
    "cert": "-----BEGIN CERTIFICATE-----\nMIIDejCCAmICCQD..."
}
```

请注意，尽管字符串不适合在书中显示，但它将一直包含到证书的文件结尾(从示例中来看，"…\nWWrz80cauVH\n-----END CERTIFICATE-----")。

就是这样，关于 imposter 的一切保持不变。一旦设置了证书和密钥，SSL 层就能够将加密消息转换为 HTTP 请求和响应，这意味着已经创建的 is 响应继续有效。设置证书似乎需要做很多工作，但这就是 SSL 的性质。幸运的是，类似 Let's Encrypt 的工具和使用了通配符证书这样的快捷方式大大简化了这一过程。

使用通配符证书简化测试

典型的证书与单个域名相关联，例如 mypetstore.com。通过在域前面添加通配符，证书会对所有子域有效。例如，你可以创建一个*.test.mypetstore.com 证书，该证书对 products.test.mypetstore.com 和 inventory.test.mypetstore.com 有效。对于未将测试作为其域名一部分的产品域来说，它是无效的。

通配符证书是测试方案的理想选择。你可能会发现，很容易手动将通配符证书添加到 CA 中，并以独占方式绑定到测试子域，然后为所有的 imposter 重用证书和私钥。

3.2.2　使用相互身份验证

事实证明，证书不仅对 HTTPS 服务器有效，而且是验证客户端身份的常用方法(见图 3.10)。浏览互联网时不会看到这种情况，因为公共网站必须假定访问它们的浏览器的有效性，但是在微服务架构中，必须确认的是，只有经过身份验证的客户端才能向服务器发送请求。如果正在测试的服务想要使用客户端证书来验证 imposter 的身份，那么需要能够以期望该证书的方式来配置 imposter。这就像在配置集中将 mutualAuth 字段添加为 true 一样简单，如代码清单 3.9 所示。

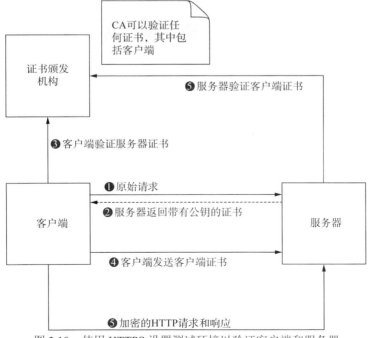

图 3.10　使用 HTTPS 设置测试环境以验证客户端和服务器

代码清单 3.9　向 imposter 添加相互身份验证

```
{
    "protocol": "https",
    "port": 3000,
    "key": "-----BEGIN RSA PRIVATE KEY-----\nMIIEpAIBAAKC...",    服务器需要
    "cert": "-----BEGIN CERTIFICATE-----\nMIIDejCCAmICCQD...",    客户端证书
    "mutualAuth": true
}
```

现在，服务器将向客户端发出证书请求。使用 HTTPS 和相互身份验证的证书，可以在安全环境中虚拟化服务器。但是，必须在 JSON 中转义 PEM 文件这一事实变得相当笨拙。让我们看看如何通过使用配置文件来让维护数据变得更容易。

3.3　在配置文件中保存响应

到目前为止，你可能已经意识到，随着响应和安全配置复杂性的增加，发送 mountebank 的 JSON 也会非常复杂。

即使对于单个字段也是如此，比如需要编码为 JSON 字符串的多行 PEM 文件。幸运的是，mountebank 以一种友好的方式对持久化配置提供了强大的支持。

既然已经添加了库存服务并了解了如何将其转换为 HTTPS，那么让我们看看如何在文件中格式化 imposter 配置以使其更容易管理。要解决的第一个问题是将证书和私钥存储在单独的 PEM 文件中，这样可以避免使用长的 JSON 字符串。如果将它们存储在 ssl 目录中的 cert.pem 和 key.pem，那么就可以为 inventory imposter 创建一个文件，名为 inventory.ejs(见图 3.11)。

```
.
├── inventory.ejs
└── ssl
    ├── cert.pem
    └── key.pem

1 directory, 3 files
```

图 3.11　安全库存 imposter 配置的树型结构

mountebank 使用了名为 EJS 的模板语言 (http://www.embeddedjs.com/)来解释 config 文件，该文件使用相当标准的模板化原语集。如代码清单 3.10 所示，<%-和%>之间的内容是动态计算的，并插入到周围的引号中。在 inventory.ejs 中保存以下内容。

代码清单 3.10　在配置文件中存储库存服务

```
{
    "port": 3000,
    "protocol": "https",
    "cert": "<%- stringify(filename, 'ssl/cert.pem') %>",    将多行文件内容转
    "key": "<%- stringify(filename, 'ssl/key.pem') %>",      换为 JSON 字符串
    "stubs": [
```

```
{
  "responses": [
    { "is": { "body": "54" } },
    { "is": { "body": "21" } },
    { "is": { "body": "0" } }
  ]
  }
 ]
}
```

如果使用适当的命令行标志启动mountebank，那么库存服务将在启动时可用：

```
mb --configfile inventory.ejs
```

mountebank 将 stringify 函数添加到模板化语言中，它等价于 JavaScript 中对给定文件内容进行的 JSON.stringify 调用。在这种情况下，stringify 调用会避开换行符。好处是配置更容易阅读。(filename 变量由 mountebank 传入。要使相对路径有效，需要进行一些黑客攻击。)

使用这两个模板化原语，被动态数据替换的尖括号和 stringify 函数可以把数据转换为可显示的 JSON——你可以构建健壮的模板。单独存储 SSL 信息是有用的，但我有意过度简化了库存 imposter 以关注响应数组的行为。

在 config 文件中保存多个 imposter

正如你所看到的，模板化支持将配置分解为多个文件。可以利用这一点再次讨论第 2 章中介绍的产品目录和营销内容 imposter 配置，将每个 imposter 放入一个或多个文件中。你要做的第一件事是定义根配置，它现在需要一个 imposter 列表。树型结构如图 3.12 所示。

```
.
├── content.ejs
├── imposters.ejs
├── inventory.ejs
├── product.ejs
└── ssl
    ├── cert.pem
    └── key.pem

1 directory, 6 files
```

图 3.12　多个服务的树型结构

将代码清单 3.11 保存为 imposters.ejs。

代码清单 3.11　根配置文件，引用其他 imposter

```
{
  "imposters": [
```

```
    <% include inventory.ejs %>,          按原样插入其他
    <% include product.ejs %>,            文件中的内容
   <% include content.ejs %>
  ]
}
```

include 函数来自 EJS。与 stringify 函数类似，它从另一个文件加载内容。与 stringify 不同的是，include 函数不会更改数据，它将数据从引用的文件中提取出来。可以使用 include EJS 函数和 stringify mountebank 函数以任何你喜欢的方式来布局内容。对于复杂的配置，可以使用换行符将响应正文(JSON、XML 或者任何其他复杂的表示形式)存储在不同的文件中，并根据需要加载它们。为了简单起见，可以把每个 imposter 保存在自己的文件中，并加载到相同的通配符证书和私钥中。将你在代码清单 2.1 中看到的产品目录 imposter 配置保存到 product.ejs 中，并进行一些修改，如代码清单 3.12 所示。

代码清单 3.12　产品目录 imposter 配置的更新版本

```
{
  "protocol": "https",        ◀━━━━━━ 转换为 HTTPS
  "port": 3001,                                          使用其他端
  "cert": "<%- stringify(filename, 'ssl/cert.pem'); %>",  口以避免端
  "key": "<%- stringify(filename, 'ssl/key.pem'); %>",    口冲突
  "stubs": [{                       与第 2 章相同
    "responses": [{               的存根配置
      "is": {
        "statusCode": 200,
          "headers": { "Content-Type": "application/json" },
          "body": {
          "products": [
        {
          "id": "2599b7f4",
          "name": "The Midas Dogbowl",
          "description": "Pure gold"
          },
          {
            "id": "e1977c9e",
            "name": "Fishtank Amore",
            "description": "Show your fish some love"
            }
          ]
        }
      }
    }],
    "predicates": [{
      "equals": { "path": "/products" }
```

```
      }]
    }]
  }
```

最后，将你在代码清单 2.7 中看到的营销内容 imposter 配置保存在一个名为 content.ejs 的文件中，并进行代码清单 3.13 所示的修改。

代码清单 3.13　营销内容 imposter 配置的更新版本

```
{
  "protocol": "https",
  "port": 3002,
  "cert": "<%- stringify(filename, 'ssl/cert.pem'); %>",     ←─── 使用其
  "key": "<%- stringify(filename, 'ssl/key.pem'); %>",            他端口
  "stubs": [{
    "responses": [{
      "is": {
        "statusCode": 200,
        "headers": { "Content-Type": "application/json" },
        "body": {
          "content": [
            {
              "id": "2599b7f4",
              "copy": "Treat your dog like the king he is",
              "image": "/content/c5b221e2"
            },
            {
              "id": "e1977c9e",
              "copy": "Love your fish; they'll love you back",
              "image": "/content/a0fad9fb"
            }
          ]
        }
      }
    }],
    "predicates": [{
      "equals": {
        "path": "/content",
        "query": { "ids": "2599b7f4,e1977c9e" }
      }
    }]
  }]
}
```

现在可以通过指向根配置文件来启动 mountebank：

```
mb --configfile imposters.ejs
```

注意日志中的情况：

```
info: [mb:2525] mountebank v1.13.0 now taking orders -
➡ point your browser to http://localhost:2525 for help
info: [mb:2525] PUT /imposters
info: [https:3000] Open for business...
info: [https:3001] Open for business...
info: [https:3002] Open for business...
```

这三个 imposter 都在运行。值得注意的是，日志条目指出 HTTP PUT 命令已经发送了 http://localhost:2525/imposters 的 mountebank URL。在通过 EJS 运行了配置文件的内容后，mb 命令将结果作为 PUT 命令的请求体发送，并一次性创建(或者替换)所有的 imposter。mountebank 中几乎所有的功能都首先通过 API 公开，所以可以在命令行上做任何事情，并使用 API 实现。如果有更高级的持久性需求，那么可以构造 JSON 并使用 curl 将其发送到 mountebank，如代码清单 3.14 所示。

代码清单 3.14   使用 curl 将 JSON 发送到 mountebank

```
curl -X PUT http://localhost:2525/imposters --data '{
  "imposters": [
    {
      "protocol": "https",
      "port": 3000
    },
    {
      "protocol": "https",
      "port": 3001
    }
  ]
}'
```

为了清楚起见，我省略了 imposter 配置的所有重要部分。在自动化测试套件中，你可能会发现 PUT 命令的便利性，其中安装步骤用一个 API 调用覆盖整个 imposter 集，而不是依靠所有单个测试发送 DELETE 调用来清除 imposter。

如果通过配置文件加载 imposter，那么 imposter 设置是启动 mountebank 的一部分，这是在运行测试之前应该做的。这种安排允许你从测试本身删除一些设置步骤，特别是那些与配置和删除 imposter 相关的步骤。

3.4   本章小结

- is 响应类型支持创建屏蔽响应，在响应对象中指定的字段与默认响应合并。如果需要，可以更改默认响应。

- 一个存根可以返回多个响应。响应列表就像一个循环缓冲区，因此一旦返回最后一个响应，mountebank 就会循环返回到第一个响应。
- HTTPS imposter 是可能的，但必须创建密钥对和证书。Let's Encrypt 是一个免费的服务，可以自动实现这个过程。
- 在 imposter 上设置 mutualAuth 标志意味着它将接受用于身份验证的客户端证书。
- mountebank 使用 EJS 模板来持久化 imposter 的配置。通过将根模板作为参数传递给--configfile 命令行选项，可以在启动时加载它们。

第 4 章

使用谓词发送不同的响应

本章主要内容：
- 使用谓词为不同的请求发送不同的响应
- 简化 JSON 请求体上的谓词
- 使用 XPath 简化 XML 请求体上的谓词

在 Frank William Abagnale 年轻时，他伪造了一个飞行员执照，并按照既定航线环游世界[1]。尽管没有飞行资格，但是他成功地扮演了一名飞行员，这意味着他的食宿由航空公司全额支付。当到了江郎才尽之时，他又在没有任何医学背景的情况下，在新奥尔良当了为期一年的医生，负责管理住院实习医生。当护士报告一个婴儿"身体发青"时，他不知道该如何应对，这时他意识到了这一虚假身份给自己带来的危害，并决定再做一次改变。在伪造了哈佛大学的法律成绩单后，他参加了路易斯安那州的律师考试，直到通过为止，然后在总检察长办公室担任律师。2002 年的电影 *Catch Me If You Can* 就是以他的故事为原型拍摄的。

Frank Abagnale 是有史以来最成功的一个冒名顶替者。尽管 mountebank 不能保证具有和 Abagnale 一样强大的自信，但能够使你模仿促使他成功的另一个关键因素：调整对观众的反应。如果 Abagnale 在面对一个挤满了实习医生的房间时表现得像个飞行员，那么他的医疗生涯会更短。基于传入的请求，mountebank 使用谓词来确定使用哪种响应，使 imposter 在面对一个请求时能够假装成为一个虚拟的飞行员，而在面对下一个请求时又能假装成为虚拟的医生。

---

[1] 这一术语是指作为乘客乘坐飞机去上班的飞行员。例如，如果一名飞行员在丹佛居住，他接受了从纽约飞往伦敦的飞行任务，那么他首先需要作为乘客乘坐飞机去纽约。

4.1   谓词基础

测试一个依赖于虚拟 Abagnale 服务的服务(见图 4.1)是一项艰巨的工作。几乎可以肯定的是，它涉及一些在模仿框架的历史上从来没有做过的事情：你必须创建一个虚拟的 imposter，并假装它是一个真正的 imposter。

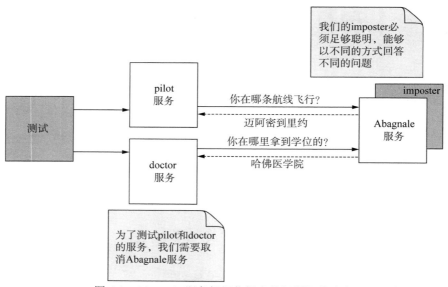

图 4.1   Abagnale 服务根据你提出的问题调整响应

幸运的是，mountebank 使这变得容易。如果假设被测系统嵌入了向 HTTP 主体中的 Abagnale 服务提出的问题，那么 imposter 配置如代码清单 4.1 所示[2]。

代码清单 4.1   创建 Abagnale imposter

```
{
  "protocol": "http",
  "port": 3000,
  "stubs": [
    {
      "predicates": [{
        "contains": { "body":
        ➡ "Which route are you flying?" }        ◄── 当被问到飞行员
      }],                                            的问题时……
      "responses": [{
        "is": { "body": "Miami to Rio" }         ◄── ……像飞行员
                                                     一样回答
```

---

[2]   为了使示例尽可能简单，我们将使用 HTTP。

```
        }]
      },
      {
        "predicates": [{
          "startsWith": { "body":
          ➡ "Where did you get your degree?" }
        }],
        "responses": [{
          "is": { "body": "Harvard Medical School" }
        }]
      },
      {
        "responses": [{
          "is": { "body":
          ➡ "I'll have to get back to you" }
        }]
      }
    ]
  }
```

当被问到医生的问题时……

……像医生一样回答

如果你不知道这是什么类型的问题，停下来！

　　每个谓词都匹配一个请求字段。代码清单 4.1 中的示例都与主体匹配，但是你在第 3 章中看到的任何其他 HTTP 请求字段都是平等的：method 、path、query 和 headers。

　　在第 2 章中，我们列举了一个使用 equals 谓词的例子。使用 contains 和 startsWith，简单的 Abagnale imposter 具有更多的可能性。我们很快就会看到谓词的范围，但大多数谓词都是很容易解释的。如果正文中包含"你在哪条航线飞行？"然后冒名顶替者以"迈阿密到里约"作为回应；如果正文以文字"你在哪里获得学位？"开头，那么冒名顶替者用"哈佛医学院"回答。这样，就可以在不依赖 Abagnale 先生的全部才能的情况下测试 doctor 和 pilot 服务。

　　特别要注意最后一个存根，其中包含"我必须回到你身边"的误导。它不包含谓词，这意味着所有请求都将匹配它，包括那些与其他存根中的谓词匹配的请求。因为一个请求可以匹配多个存根，所以 mountebank 总是根据数组顺序选择第一个匹配项。这允许你在不使用任何谓词的情况下，通过将回退默认响应放在存根数组的末尾来进行表示。

　　作为一个独立的概念，我们没有太多关注存根，因为它们只在谓词存在的情况下才有意义。正如你在第 3 章中看到的，可以对完全相同的请求发送不同的响应，这就是为什么响应字段是一个 JSON 数组。这个简单的事实，以及根据需求定制响应的需求，是存根存在的理由。每个 imposter 都包含一个存根列表。每个存根包含了响应的循环缓冲区。mountebank 根据存根的谓词来选择要使用的存根 (见图 4.2)。

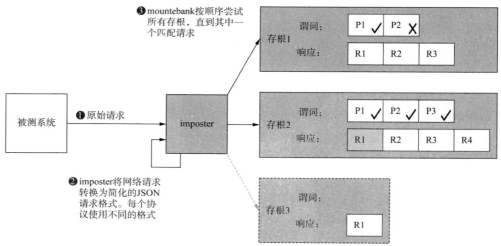

图 4.2   mountebank 根据每个存根的谓词匹配请求

因为 mountebank 针对存根使用了"首次匹配"策略,所以多个存根可以响应同一请求。

4.1.1   谓词的类型

让我们仔细看看最简单的谓词运算符(见图 4.3),它们都表现得和你期望的一样好。但是有一些更有趣的可用谓词类型,从非常有用的 matches 谓词开始。

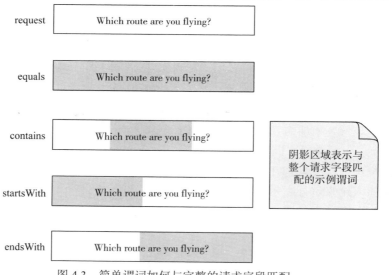

图 4.3   简单谓词如何与完整的请求字段匹配

1. MATCHES 谓词

Abagnale 服务需要智能地回答现在时态和过去时态的问题。"你正在哪条航线飞行？"你从哪条航线飞行？"两者都应该引发"迈阿密到里约"的响应。你可以编写多个谓词，但 matches 谓词允许使用正则表达式(或 regex，如图 4.4 所示)来简化配置。

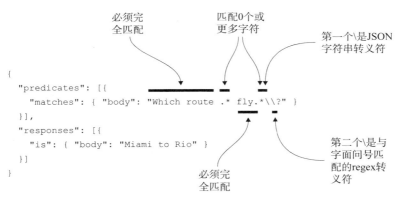

图 4.4　mountebank 根据每个存根的谓词匹配请求

正则表达式包含一组非常丰富的元字符，以简化模式匹配。该示例使用了三种类型：

- ·——匹配除换行符以外的任何字符。
- *——与前一个字符匹配零次或多次。
- \——转义后面的字符，按字面意思匹配。

似乎我们必须要对问号进行双重转义，但这仅仅是因为\是一个 JSON 字符串转义字符和正则表达式转义字符。第一个\JSON 转义第二个\，regex 转义问号，因为事实证明问号也是一个特殊的元字符。与星号一样，它设置了对前一个字符或者表达式的期望值，但与*元字符不同的是，？只匹配零次或一次。如果你以前从未见过正则表达式，那么会感到有点困惑，让我们根据请求字段值"你乘坐的是哪条航线"来分解模式(见图 4.5)。

大多数字符与请求字段一一对应。一旦到达第一个元字符(.*)，模式将尽可能匹配到下一个文本字符(空白处)。通配符模式.*是一种简单的表达方式，意思是"我不在乎他们输入了什么。"只要模式的其余部分匹配，那么整个正则表达式都匹配。

第二个.*匹配是因为*允许零字符匹配，这是另一种说法，意思是即使不匹配任何内容也可以满足。方便的是，如果你输入了"flying"而不是"fly"，它也会与"ing"匹配，这就是为什么正则表达式如此灵活的原因。最后，模式\?匹配结尾的问号。

matches 谓词是 mountebank 中最通用的一种谓词。使用一些额外的元字符，它可以完全代替我们迄今为止见到的其他谓词。我们将用另一个例子来证明这一点。

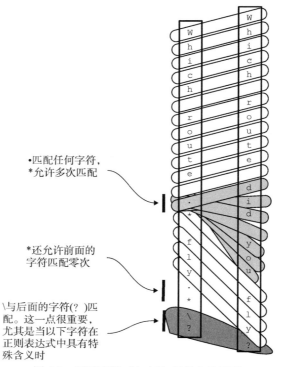

•匹配任何字符，
*允许多次匹配

*还允许前面的
字符匹配零次

\与后面的字符(?)匹
配。这一点很重要，
尤其是当以下字符在
正则表达式中具有特
殊含义时

图 4.5　正则表达式如何与字符串值匹配

2. 使用正则表达式替换其他谓词

Abagnale 成功的关键是他知道什么时候该退出。在新奥尔良勉强逃脱逮捕后，他从一名飞行员转变为一名具有新身份的医生。当他意识到自己在医学上无知的严重性时，他又转行做了律师。要想知道什么时候该退出，就需要看到可疑的问题。

当被要求看他的驾驶执照时，Abagnale 服务绝望地回应说："如果可以的话，抓住我！" 如果提问者要求看他的"州驾驶执照"或"当前驾驶执照"，他也会给出相同的回答，因此匹配要宽松一点。

如果问题包含短语"驾驶执照"，则需要匹配。你要确认这些字符代表了一个问题，不仅要确保它们包含了问号，还要确保它们以问号结尾，而且一定要确保你获得了正确的问题。另外需要确定的是短语以"我能看看你的吗"开头。请注意，可以在不使用正则表达式的情况下实现所有这些功能，但需要组合多个谓词，如下所示：

```
{
  "predicates": [
    { "startsWith": { "body": "Can I see your" } },
    { "contains": { "body": "driver's license" } },
```

```
    { "endsWith": { "body": "?" } }
  ]
}
```

可以使用一个 matches 谓词完全匹配相同的主体，如代码清单 4.2 所示。

代码清单 4.2　使用 matches 谓词执行 startsWith、contains 和 endsWith
　　　　　　　谓词集的任务

```
{
  "predicates": [{
    "matches": { "body": "^Can I see your.*driver's license.*\\?" }
  }],
  "responses": [{
    "is": { "body": "Catch me if you can!" }
  }]
}
```

你已经看到了.*元字符如何匹配任何字符，或者根本不匹配任何字符。用两
边的元字符封装文本等同于使用了 contains 谓词(见图 4.6)。

```
{                                                      {
  "matches": { "body": ".*text to match.*" }    ➡        "contains": { "body": "text to match" }
}                                                      }
```

图 4.6　使用正则表达式模拟 contains 谓词

仅当以下字符出现在字符串的开头时，^元字符才进行匹配，这使你可以重新
创建 startsWith 谓词(见图 4.7)。

```
{                                                      {
  "matches": { "body": "^text to match" }    ➡           "startsWith": { "body": "text to match" }
}                                                      }
```

图 4.7　使用正则表达式模拟 startsWith 谓词

最后，$元字符仅在前面的字符出现在字符串末尾时才进行匹配，它模拟了
endsWith 谓词(见图 4.8)。

```
{                                                      {
  "matches": { "body": "text to match$" }    ➡           "endsWith": { "body": "text to match" }
}                                                      }
```

图 4.8　使用正则表达式模拟 endsWith 谓词

正则表达式的优点在于，可以将所有这些标准组合成一个模式(见图 4.9)。

```
                                                       [
{                                                        { "startsWith": { "body": "text" } },
  "matches": { "body": "^text.*to.*match$" }    ➡        { "contains": { "body": "to" } },
}                                                        { "endsWith": { "body": "match" } }
                                                       ]
```

图 4.9　使用正则表达式模拟 startsWith、contains 和 endsWith 谓词

如果删除了.*元字符，但是在文本字符串的开始和结尾处将其保留到用于定位匹配项的^和$元字符中，那么就相当于创建了 equals 谓词的内容，尽管在这种情况下，equals 谓词更具可读性(见图 4.10)。

```
{                                              {
  "matches": { "body": "^text to match$" }  ➡    "equals": { "body": "text to match" }
}                                              }
```

图 4.10　使用正则表达式模拟 equals 谓词

正则表达式模式可以大大简化谓词的使用。接下来让我们看一个更常见的 matches 谓词用例。

3. 匹配路径上的任何标识符

尽管到目前为止我们主要关注谓词的 HTTP body 字段，但谓词在任何请求字段上都有效。一个常见的模式是匹配 path 字段。Frank Abagnale 有很多名字，并且用典型的 RESTful 方式，Abagnale 服务可以通过向/identities 发送 GET 请求来对其进行查询，或者通过查看/identities/{id}来了解单个角色的详细信息，其中{id}是该特定身份的标识符。让我们从匹配/identities/{id}路径开始。

如果有一个涉及此端点的测试场景，那么可以使用 matches 谓词来匹配传入的任何数字标识符，如代码清单 4.3 所示。

代码清单 4.3　使用 matches 谓词匹配任何标识资源

```
{
  "predicates": [{
    "matches": { "path": "/identities/\\d+" }
  }],
  "responses": [{
    "is": {
      "body": {
        "name": "Frank Williams",
        "career": "Doctor",
        "location": "Georgia"
      }
    }
  }]
}
```

这里使用的元字符\d+代表了一个或多个数字，因此模式将匹配/identities/123 和/identities/2，但不匹配 identities/frankwilliams。还有其他一些有用的元字符，包括(但不限于)表 4.1 中列出的那些元字符。

表 4.1　正则表达式元字符

元字符	描述	示例
\	除非它是下面描述的元字符的一部分，否则它将转义下一个字符，强制进行文字匹配	4 * 2\? 匹配 "What is 4 * 2?"
^	匹配字符串的开头	^Hello 匹配"Hello, World!"而不是"Goodbye. Hello."
$	匹配字符串的末尾	World!$匹配"Hello, World!"而不是"World! Hello."
.	匹配任何非换行符	匹配"Hello"而不是"Hi"
*	与前一个字符匹配 0 次或更多次	a*b 匹配 "b"、"ab" 和"aaaaaab"
?	与前一个字符匹配 0 次或 1 次	a?b 匹配"b"和"ab" 而不是"aab"
+	与前一个字符匹配 1 次或更多次	a+b 匹配"ab"和"aaaab" 而不是"b"
\d	匹配一个数字	\d\d\d 匹配"123"而不是"12a"
\D	反转\d，匹配非数字字符	\D\D\D 匹配"ab!" 而不是"123"
\w	匹配字母数字"单词"字符	\w\w\w 匹配 "123" 和 "abc" 而 不 是 "ab!"
\W	反转\w，匹配非字母数字符号	\W\W\W 匹配"!?." 而不是"ab."
\s	匹配空白字符(主要是空格、制表符和换行符)	Hello\sworld 匹配"Hello world" 和 "Hello world"
\S	反转\s，匹配任何非空格字符	Hello\Sworld 匹配"Hello-world" and "Hello—world"

　　正则表达式允许你定义健壮的模式来匹配字符，并且它本身就是一个丰富的主题。有几本关于这一主题的优秀书籍可供查阅，并且许多互联网网站提供教程。如果你想快速入门，我推荐 http://www.regular-expressions.info/上的教程。我们将在第 7 章中看到更多的例子。

4.1.2　匹配对象请求字段

　　Google 支持使用 q 查询字符串参数进行全文搜索，例如，https://www.google.com/？q=mountebank 将显示与搜索文本"mountebank"相关的网页。其他 Web服务，比如 Twitter API，已经采用 q 参数作为搜索选项，即使在搜索更多 JSON结构的数据(比如 Abagnale 服务)时也是如此。只有一个搜索参数，用户就可以通过一个文本框获得类似 Google 的用户体验，而不必指定要匹配的字段。他们甚至不需要完全匹配一个字段。实现全文搜索可能有点棘手，但你不必为此担心，你需要假装它是实现全文搜索的服务。

Abagnale 服务的/identities 路径支持使用 q 查询字符串参数进行搜索。例如，/identities?q=Frank 会搜索所有与"Frank"相关的 Abagnale 身份，你可以用它作为快捷方式找到他那些使用了真实名字的身份。查询字符串参数的谓词看起来有点不同，但只是因为查询字符串是对象字段而不是字符串字段，如代码清单 4.4 所示。

代码清单 4.4 为查询参数添加谓词

```
{
  "predicates": [{
    "equals": {
      "query": { "q": "Frank" }   ◄─── 因为查询是一个对象字段，
    }                                   所以谓词值也是一个对象
  }],
  "responses": [{
    "is": {
      "body": {
        "identities": [   ◄─── 返回数组
          {
            "name": "Frank Williams",
            "career": "Doctor",
            "location": "Georgia"
          },
          {
            "name": "Frank Adams",
            "career": "Brigham Young Teacher",
            "location": "Utah"
          }
        ]
      }
    }
  }]
}
```

对 HTTP 请求来说，query 和 headers 都是对象字段。要获得正确的查询参数(或标题)，必须向谓词添加额外的级别。

4.1.3 deepEquals 谓词

在某些情况下，只有在未传递查询参数的情况下才希望匹配；例如，在没有任何搜索或分页参数的情况下向/identities 发送 GET 应返回所有标识。到目前为止，所有的谓词都不支持这个场景，因为它们都在一个请求字段上工作。对于更复杂的键值对结构，如 HTTP 查询和标题，其他谓词希望你进入到内部的基本字段，就像我们刚才看到的查询字符串中的 q 参数一样。

deepEquals 谓词匹配整个对象结构，允许你指定空的查询字符串：

```
{
  "deepEquals": { "query": {} }
}
```

稍后，你将看到如何组合多个谓词，这需要两个查询参数。但是 deepEquals 谓词是确保传递这两个查询参数而不传递其他任何参数的唯一方法：

```
{
  "deepEquals": {
    "query": {
      "q": "Frank",
      "page": 1
    }
  }
}
```

使用该谓词，?q=Frank&page=1 查询字符串将匹配，而?q=Frank&page=1&sort=desc 查询字符串不会匹配。

4.1.4　匹配多值字段

HTTP 查询参数和标题的另一个有趣的特性是，可以多次传递同一个键。Abagnale 服务支持多个 q 参数，只返回满足所有提供的查询的匹配项。例如，GET/identities?q=Frank&q=Georgia 只会返回 Frank Williams，因为 Frank Adams 在犹他州工作。

```
{
  "identities": [{
    "name": "Frank Williams",
    "career": "Doctor",
    "location": "Georgia"
  }]
}
```

我们目前看到的所有谓词都支持多值字段，但 deepEquals 再一次与其他谓词有着显著的区别。如果使用 equals 谓词，那么当任何值等于谓词值时，谓词都将传递：

```
{
  "equals": {
    "query": {
      "q": "Frank"
    }
  }
}
```

deepEquals 谓词要求所有值都匹配。mountebank 将请求中的多值字段表示为数组[3]。在 mountebank 中，这种特定请求类似于这样：

```
{
  "method": "GET",
  "path": "/identities",
  "query": {
    "q": ["Frank", "Georgia"]
  }
}
```

技巧是将数组作为谓词值传递：

```
{
  "deepEquals": {
    "query": {
      "q": ["Georgia", "Frank"]
    }
  }
}
```

请注意，值的顺序并不重要。可以对任何谓词使用数组语法，而不仅仅是 deepEquals，但是 deepEquals 是唯一需要精确匹配的谓词。代码清单 4.5 中的示例说明了这一区别。

代码清单 4.5　使用谓词数组

```
{
  "stubs": [
    {
      "predicates": [{
        "deepEquals": {
          "query": { "q": ["Frank", "Georgia"] }        要求完全匹配
        }
      }],
      "responses": [{
        "is": { "body": "deepEquals matched" }
      }]
    },
    {
      "predicates": [{
        "equals": {
          "query": { "q": ["Frank", "Georgia"] }        要求这些元素存在
        }
      }],
```

------

[3]　在用多值字段创建响应时，也可以使用该技巧。这在 Set-Cookie 响应头部中是最常见的。

```
    "responses": [{
      "is": { "body": "equals matched" }
    }]
  }
  ]
}
```

如果向/identities?q=Georgia&q=Frank 发送请求,那么响应体将显示 deepEquals 谓词匹配,因为所有的数组元素都匹配,并且请求中没有其他数组元素。但如果你向/identities?q=Georgia&q=Frank&q=Doctor 发送请求,那么 deepEquals 谓词将不再匹配,因为谓词定义不想将"Doctor"作为数组元素。equals 谓词将匹配,因为它允许请求数组中存在谓词定义中未指定的其他元素。

4.1.5　exists 谓词

再来看一个基本谓词。exists 谓词测试请求字段是否存在。如果有一个测试,它依赖于要传递的 q 参数和未传递的 page 参数,那么 exists 谓词就是你要用到的:

```
{
  "exists": {
    "query": {
      "q": true,
      "page": false
    }
  }
}
```

当要检查是否存在标题时,exists 谓词也非常有用。例如,出于测试目的,你可以决定,在缺少 Authorization 请求头时验证服务能否正确处理 HTTP 质询(由 401 状态码表示),而不必担心存储在 Authorization 头中的凭据是否正确,如下所示:

```
{
  "predicates": [{
    "exists": {
      "headers": { "Authorization": false }
    }
  }],
  "responses": [{
    "is": { "statusCode": 401 }
  }]
}
```

该代码段中的 headers 字段明确规定了不存在 Authorization 头,并且 is 响应返回了 401 状态码。

exists 谓词和 body 一样在字符串字段中使用,如果是空字符串,则认为它不存在。与本章后面描述的 JSON 或者 XML 支持结合起来使用，通常会更有用。

4.1.6 连接点

predicates 字段是一个数组。数组中的每个谓词都必须匹配 mountebank 才能使用该存根。通过使用 and 谓词，可以将数组缩减为单个元素，因此以下两组谓词将完全匹配相同的请求(例如，主体为"Frank Abagnale"的一组谓词):

```
{
  "predicates": [
    { "startsWith": { "body": "Frank" } },
    { "endsWith": { "body": "Abagnale" } }
  ]
}
```

以及

```
{
  "predicates": [{
    "and": [
      { "startsWith": { "body": "Frank" } },
      { "endsWith": { "body": "Abagnale" } }
    ]
  }]
}
```

就其本身而言，and 谓词不是很有用。但是，结合常用的 or 谓词，以及 not 谓词，你就可以用布尔值创建令人眼花缭乱的复杂谓词。例如，不管被测试的系统是直接调用该角色 URL(假定为/identities/123)，还是在/identities?q=Frank+Williams 处搜索该角色，代码清单 4.6 中的谓词都会匹配返回了 Frank Williams 的请求，但前提是没有添加 page 查询参数。

代码清单 4.6　使用 and、or 和 not 组合多个谓词

```
{
  "or": [
    { "equals": { "path": "/identities/123" } },      如果请求直接转到 URL，则匹配……
    {
      "and": [
        { "equals": { "path": "/identities" } },       ……或者如果它搜索
        {
          "and": [
            {
              "contains": { "query": { "q": "Frank" } }  ……包含 Frank 的查询
            },
            {
```

```
        "contains": { "query": { "q": "Williams" } }
      },
      {
        "not": {
          "exists": { "query": { "page": true } }
        }
      }
    }
  ]
    }
  ]
    }
  ]
}
```

······以及包含
Williams 的查询

······不分页(可以通过
将页值更改为 false 来
删除非谓词)

有时需要创建复杂的条件，而 mountebank 支持的丰富谓词集使你能够指定此类条件。但是为了使配置可读和可维护，最好的做法是使用例中的谓词尽可能地简单。当需要连词的时候，它们就在那里。但如果能避免过多地使用它们，效果可能会更好。

4.1.7　谓词类型的完整列表

还有一个谓词你还没有看到——inject 谓词，必须等到第 6 章才能看到它。在继续之前，让我们回顾一下你可以使用的谓词。为供你参考，表 4.2 提供了 mountebank 支持的谓词运算符的完整列表。

表 4.2　mountebank 支持的所有谓词

谓词	描述
equals	要求请求字段等于谓词值
deepEquals	对对象请求字段执行嵌套集相等
contains	要求请求字段包含谓词值
startsWith	要求请求字段以谓词值开头
endsWith	要求请求字段以谓词值结尾
Matches	需要请求字段与作为谓词值提供的正则表达式匹配
exists	要求请求字段作为非空值存在(如果为真)或不存在(如果为假)
not	倒置子谓词
or	要求满足任何子谓词
and	要求满足所有子谓词
inject	需要用户提供的函数返回 true(见第 6 章)

4.2　参数化谓词

每个谓词都由一个运算符以及零个或多个参数组成，这些参数以某种方式改变谓词的行为。有两个参数，xpath 和 jsonpath，将谓词的范围更改为嵌入在 HTTP 主体中的值，我们很快就会看到这些参数。另一个参数影响谓词计算请求字段的方式。

区分大小写的谓词

默认情况下，所有谓词都不区分大小写。例如，无论 q 参数是 "Frank" 还是 "frank" 或 "FRANK"，都将满足以下谓词：

```
{
  "equals": {
    "query": { "q": "frank" }
  }
}
```

对于 matches 谓词，这也是正确的。默认情况下，正则表达式区分大小写，但 mountebank 会更改其默认值以匹配其他谓词的行为。如果需要区分大小写，可以将 caseSensitive 参数设置为 true，如代码清单 4.7 所示。

代码清单 4.7　使用区分大小写的谓词

```
{
  "equals": {
    "query": { "q": "Frank" }
  },
  "caseSensitive": true
}
```

"FRANK" 和 "frank" 将不再满足谓词。

默认情况下，mountebank 也以不区分大小写的方式处理键，因此，如果没有 caseSensitive 参数，上面的谓词也将匹配?Q=FRANK 查询字符串。这通常是适当的，尤其是对于 HTTP 头而言，头的大小写并不重要。添加 caseSensitive 参数对键和值都强制区分大小写。

4.3　在 JSON 值中使用谓词

JSON 是如今大多数 RESTful API 的通用语言。如前所述，可以创建 mountebank 响应，该响应使用 JSON 对象而不是 body 字段的字符串。mountebank

还完全支持创建 JSON 主体的谓词。

4.3.1　使用直接 JSON 谓词

尽管 Frank Abagnale 很聪明，但他的所作所为并没有什么神奇之处。例如，当需要添加一个新的身份时，就像我们其他人一样，他会将该身份的 JSON 表示形式通过 POST 发布到/identities URL。

因为对于 mountebank 来说，HTTP 主体是一个字符串，所以可以使用 contains 谓词来捕获特定的 JSON 字段。但是这样做是不方便的，因为空格必须在键和值之间匹配。matches 谓词以牺牲可读性为代价提供了更多的灵活性。幸运的是，mountebank 愿意将 HTTP 主体视为 JSON 和字符串，这样你就可以像以前确定 query 对象结构一样来确定 JSON 对象结构，代码清单 4.8 所示。

代码清单 4.8　在 HTTP 主体上使用直接 JSON 谓词

```
{
  "predicates": [{
    "equals": {
      "body": {              JSON 主体根部的
        "career": "Doctor"    "career"字段必须
      }                       等于"Doctor"
    }
  }],
  "responses": [{
    "is": {
      "statusCode": 201,
      "headers": { "Location": "/identities/123" },
      "body": "Welcome, Frank Williams"
    }
  }]
}
```

可以根据需要在 JSON 对象中确定尽可能多的层次。mountebank 对数组的处理方式与 4.1.4 节中描述的多值字段的处理方式一样，使用了查询字符串上的重复键示例。对于复杂的查询，最好使用 JSONPath。

4.3.2　使用 JSONPath 选择 JSON 值

可以通过向/identities 路径发送一个 PUT 命令并传入一个标识数组来初始化 Abagnale 服务提供的标识集，如下所示：

```
{
  "identities": [
    {
```

```
      "name": "Frank Williams",
      "career": "Doctor",
      "location": "Georgia"
    },
    {
      "name": "Frank Adams",
      "career": "Teacher",
      "location": "Utah"
    }
  ]
}
```

　　如果 PUT 命令包含"Teacher"这一职业作为数组的最后一个成员,那么该测试场景需要发送 400,否则发送 200。这显然有点夸张,但它能够展示 JSONPath 的强大功能。JSONPath 是一种查询语言,它简化了从 JSON 文档中选择值的任务,并且擅长处理大型和复杂的文档。Stefan Goessner 提出了这个想法,并在 http://goessner.net/articles/JsonPath/上记录了它的语法。

　　让我们看看代码清单 4.9 中全部的 imposter 配置。

代码清单 4.9　使用 JSONPath 只匹配数组的最后一个元素

```
{
  "protocol": "http",
  "port": 3000,
  "stubs": [{
    "predicates": [
      { "equals": { "method": "PUT" } },          只匹配 PUT
      { "equals": { "path": "/identities" } },    请求/标识
      "jsonpath": {                               将谓词的范围限制
        "selector": "$.identities[(@.length-1)].career"   为 JSONPath 查询
      },
      "equals": { "body": "Teacher" }             在正文中选择的 JSON
      }                                           值必须等于"Teacher"
    ],
    "responses": [{ "is": { "statusCode": 400 } }]   返回 400
  }]                                                  状态代码
}                  如果谓词不匹配,则返回
                   内置的默认 200 响应
```

　　即使 body 包含一个完整的 JSON 文档,也将谓词运算符设置为让 body 等于 Teacher。jsonpath 参数修改其附加谓词,并将其范围限制到查询结果。让我们看看图 4.11 中注释的查询。

　　JSONPath 为选择大型 JSON 文档中所需的值提供了极大的灵活性。而对 XML 文档来说,XPath 也起了同样的作用。

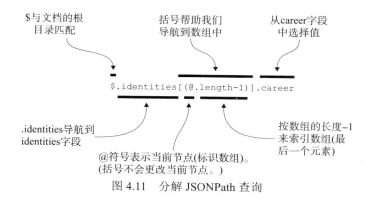

图 4.11　分解 JSONPath 查询

4.4　选择 XML 值

尽管 XML 在最近几年创建的服务中并不常见，但它仍然是一种流行的服务形式，并且普遍用于 SOAP 服务。如果允许发送 XML 和对/identities 进行 PUT 调用的 JSON——可能是因为 Abagnale 需要扮演一个企业架构师——你可能期望一个如下所示的主体：

```
<identities>
  <identity career="Doctor">
    <name>Frank Williams</name>
    <location>Georgia</location>
  </identity>
  <identity career="Teacher">
    <name>Frank Adams</name>
    <location>Utah</location>
  </identity>
</identities>
```

Brigham Young 大学对 Abagnale 在那里教书的说法提出异议。我们的测试场景可以检测到 Abagnale 试图声称他是犹他州的一名教师，并发送一个 400 状态代码。这是一个足够复杂的查询，现有的谓词运算符无法完成任务[4]，它还涉及在查询中使用 XML 属性。

在代码清单 4.10 列出的简单情况下，xpath 参数镜像 jsonpath 参数，同时限制谓词运算符检查的范围。

---

[4]　甚至连 matches 谓词都不能完成，因为不能用正则表达式解析 XML(或 HTML)。尝试用正则表达式解析 XML 是得不偿失的：http://stackoverflow.com/questions/1732348/regex-match-open-tags-except-xhtml-self-contained-tags/1732454#1732454。

代码清单 4.10   使用 XPath 防止 Abagnale 声称他在犹他州教书

```
{
  "predicates": [
    { "equals": { "method": "PUT" } },          验证这是一个到
    { "equals": { "path": "/identities" } },     /identities 的 PUT
    {
      "xpath": {
        "selector":                              将谓词限制
        ➡ "//identity[@career='Teacher']/location"◄  为给定值
      },
      "equals": { "body": "Utah" } ◄             该值必须等
    }                                            于 "Utah"
  ],
  "responses": [{ "is": { "statusCode": 400 } }] ◄  返回错误
}                                                的请求码
```

XPath 早于 JSONPath 出现，毫无疑问，它们的语法是相似的。图 4.12 分解了 XPath 表达式。

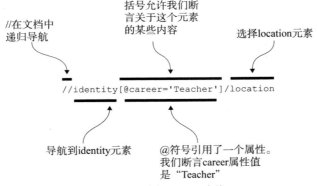

图 4.12   分解 XPath 查询

在 XML 中，一种最无效的设计决策是支持名称空间，这使得世界各地的编程人员受到了名称空间文档的影响。这一想法非常明智：当组合多个 XML 文档时，需要一种解决命名冲突的方法[5]。

让我们通过添加名称空间来验证 XML 文档的未来：

```
<identities xmlns:id="https://www.abagnale-spec.com/identity"
            xmlns:n="https://www.abagnale-spec.com/name">
  <id:identity career="Doctor">
    <n:name>Frank Williams</n:name>
```

---

[5]   至少我们以为我们做到了。奇怪的是，JSON 文档也应该存在同样的问题，它缺少名称空间，但是……

```
    <location>Georgia</location>
  </id:identity>
  <id:identity career="Teacher">
    <n:name>Frank Adams</n:name>
    <location>Utah</location>
  </id:identity>
</identities>
```

尽管你尽了最大努力面向未来，但仍然需要在 Abagnale 服务的版本 2 中进行突破性的更改，将名称值移动到属性而不是 XML 标记：

```
<identities xmlns:id="https://www.abagnale-spec.com/identity"
            xmlns:n="https://www.abagnale-spec.com/name">
  <id:identity career="Doctor" n:name="Frank Williams">
    <location>Georgia</location>
  </id:identity>
  <id:identity career="Teacher" n:name="Frank Adams">
    <location>Utah</location>
  </id:identity>
</identities>
```

你需要编写一个测试场景，用于验证如果在错误的位置传递 name 字段，那么 Abagnale 服务是否以 400 进行响应，如代码清单 4.11 所示。这是一个使用 exists 谓词运算符的好机会。你还必须向查询中添加名称空间，因为 name 与 XML 中的 n:name 不同。

代码清单 4.11　使用 XPath 断言 name 属性存在，而 name 标记不存在

```
{
  "predicates": [
    { "equals": { "method": "PUT" } },        验证这是一个到
    { "equals": { "path": "/identities" } },    /identities 的 PUT
    {
      "or": [            ◄────  有两种可
        {                       能的情况
        "xpath": {
          "ns": {
            "i":
            ➥ "https://www.abagnale-spec.com/identity",   添加名称
            "n": "https://www.abagnale-spec.com/name"       空间映射
          },
          "selector": "//i:identity/n:name"  ◄──────┐
        },                                           如果存在 n:name 标记，
        "exists": { "body": true }  ◄────────────────┘ 则匹配······
      },
      {
        "xpath": {
```

```
        "selector": "//i:identity[@n:name]",
        "ns": {
          "i": "https://www.abagnale-spec.com/identity",
          "n": "https://www.abagnale-spec.com/name"
        }
      },
      "exists": { "body": false }
      }
    ]
  }
],
"responses": [{ "is": { "statusCode": 400 } }]
}
```

……或者如果
n:name 属性不
存在

如果谓词匹配，则发送错
误的请求

　　xpath 参数允许在 ns 字段中传递名称空间映射，该字段带有前缀和 URL。URL
必须与 XML 文档中定义的 URL 匹配，但前缀可以是任意前缀。XPath 名称空间
查询使用了每个元素前面的前缀。

　　了解了存根之后，是时候退后一步，回顾一下你学到的东西了。

4.5　本章小结

- 谓词允许 mountebank 对不同的请求做出不同的响应。mountebank 附带了
  一系列谓词运算符，包括通用的 matches 运算符，它根据正则表达式匹配
  请求字段。
- deepEquals 谓词运算符用于匹配整个对象结构，如查询对象。通过确定对
  象结构，还可以将对象中的单个字段(例如，单个查询参数)与一个标准谓
  词运算符匹配。
- 谓词在默认情况下不区分大小写。可以通过将 caseSensitive 谓词参数设置
  为 true 来进行更改。
- jsonpath 和 xpath 谓词参数将请求字段的作用域限制为与 JSONPath 或
  XPath 选择器匹配的部分。

第**5**章

添加记录/重放行为

本章主要内容:

- 使用 proxy 响应自动捕获真实响应
- 用正确的谓词重放已保存的响应
- 通过更改标题或使用相互身份验证自定义代理

最好的冒名顶替者并不仅仅假装是别人,他们主动模仿自己扮演的人。这种模仿需要观察和记忆:观察研究被模仿者的行为,记忆以便日后能够重放这些行为。讽刺喜剧节目(如 *Saturday Night Live*)中,演员们经常假装是美国著名的政治人物,他们的表演正是基于这些技巧。

mountebank 缺乏 *Saturday Night Live* 的喜剧才能,但它确实支持一种高保真的模仿形式。imposter 不必为每个请求创建一个屏蔽的响应,而是可以直接访问请求源。就好像冒名顶替者戴着听筒,每次你测试的系统问问题时,真正的服务人员都会在冒名顶替者的耳边低语回答。更好的是,mountebank 的 imposter 有很好的记忆力,所以一旦冒名顶替者听到了回应,即使没有听筒,将来也可以重放回应。由于 proxy 响应的作用,mountebank imposter 几乎无法与真实服务区分开来。

5.1 设置代理

proxy 响应类型允许你将 mountebank 的 imposter 放在被测系统和它所依赖的真实服务之间,从而在过程中保存真实的响应(见图 5.1)。

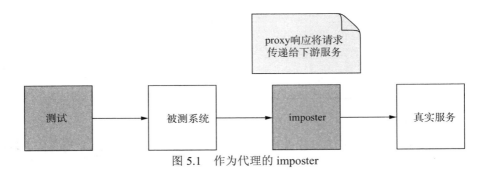

图 5.1　作为代理的 imposter

这种安排允许捕获可以在测试中重放的真实数据，而不是使用屏蔽响应手动创建数据。为了说明这一点，让我们回顾一下你在第 3 章中第一次看到的虚拟宠物店架构。宠物店和所有现代电子商务商店一样，都需要一项跟踪库存的服务，为了简单起见，我们在 URL 上获取了一个产品 ID，并返回该产品的现有库存。在第 3 章中，用手动创建的 is 响应类型将其虚拟化。让我们使用一个代理来重新定义它，它需要可用的真实服务来捕获响应，如图 5.2 所示。

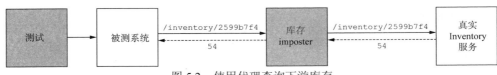

图 5.2　使用代理查询下游库存

最简单的 imposter 配置如代码清单 5.1 所示[1]。

代码清单 5.1　基本代理的 imposter 配置

```
{
  "port": 3000,
  "protocol": "http",
  "stubs": [{
    "responses": [{
      "proxy": { "to": "http://api.petstore.com" }  ◄── 新的响
    }]                                                    应类型
  }]
}
```

不同之处在于新的响应类型。一个 is 响应告诉 imposter 返回给定的响应，一个 proxy 响应告诉 imposter 从下游服务获取响应。代码清单 5.1 中显示的 proxy 响应的基本形式将未更改的请求传递给下游服务，并将未更改的响应发送回被测系统。就其本身而言，这不是一件非常有用的事情，但是代理会记住响应，并在下

---

[1]　你可以按照 GitHub 存储库中的示例操作，网址为 https://github.com/bbyars/mountebank-in-action。

次看到相同的请求时重放它，而不是获取新的响应(见图 5.3)。

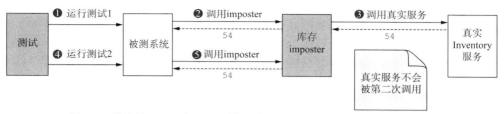

图 5.3 默认情况下，代理返回第一个结果作为对所有后续调用的响应

mountebank 通过 API 公开每个 imposter 的当前状态。如果你向 http://localhost: 2525/imposters/3000 发送 GET 请求，将会看到保存的响应[2]。在第一次调用代理之后，需要详细查看更改后的 imposter 配置，如代码清单 5.2 所示。

代码清单 5.2 已保存的 proxy 响应更改 imposter 状态

```
{
  "protocol": "http",
  "port": 3000,
  "numberOfRequests": 1,
  "requests": [],
  "stubs": [{                      ◀── 没有谓词？我们会
    "predicates": [],                   回到那个……？
  "responses": [{
    "is": {                        ◀── 将响应保存
      "statusCode": 200,                为 is 响应
      "headers": {
        "Connection": "close",
        "Date": "Sat, 15 Apr 2017 17:04:02 GMT",
        "Transfer-Encoding": "chunked"
      },
      "body": "54",
      "_mode": "text",             ◀── 节省调用下游
      "_proxyResponseTime": 10          服务的时间
      }
    }]
  },
  {                                ◀── 原始存根
                                        还在那里
    "responses": [{
      "proxy": {
        "to": "http://localhost:8080",  ◀── 只调用下
        "mode": "proxyOnce"                  游一次
      }
```

```
    }]
  }],
  "_links": {
    "self": {
    "href": "http://localhost:2525/imposters/3000"
  }
  }
}
```

为获取配置而
调用的 URL

里面有很多配置，我们没有全部介绍。mountebank 在 _proxyResponse-Time
字段中记录了调用下游服务所用的时间，可以在性能测试期间使用它以添加模
拟延迟。我们将在第 7 章和第 10 章中探讨如何实现这一点。目前最重要的观察
结果是：

- mountebank 代理对代理配置的 to 字段中给定的基本 URL 进行首次调
  用。它附加了请求路径和查询参数，并通过未更改的请求标题和正文
  进行传递。
- mountebank 将响应作为带有 is 响应的新存根捕获。它与 proxy 响应一起
  保存在存根的前面。(这就是 proxyOnce 模式的含义，我们稍后将看到替
  代方案。)
- 新创建的存根没有谓词。因为 mountebank 在遍历存根时总是使用第一
  个匹配项，所以它不会再次调用 proxy 响应，由于没有谓词的存根总是
  匹配的。

代理更改 imposter 的状态。默认情况下，它们创建一个新的存根(见图 5.4)。

代理的默认行为(由 proxyOnce 模式定义)是在第一次看到它无法识别的请求
时调用下游服务，然后从该点开始向前发送已保存的响应，以便让将来类似的请
求使用。但是，我们一直考虑的示例在如何识别请求方面没有进行区分，所有请
求都与生成的存根匹配。我们来解决这个问题。

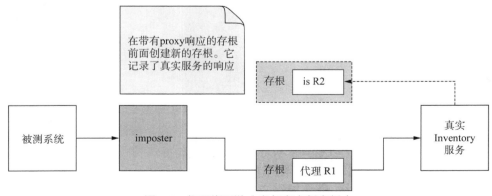

图 5.4　代理将下游响应保存在新存根中

5.2　生成正确的谓词

代理将创建下游服务响应形成的新响应，但需要向它们提供有关如何创建请求谓词的提示，以确定 mountebank 何时将重放这些响应。我们将从如何为不同的请求路径重放不同的响应开始介绍。

5.2.1　使用 predicateGenerators 创建谓词

库存服务包含路径上的产品 id，因此向/inventory/2599b7f4 发送 GET 会返回产品 2599b7f4 的库存，向/inventory/e1977c9e 发送 GET 将返回产品 e1977c9e 的库存。让我们扩大代码清单 5.1 中设置的代理定义，分别保存每个产品的响应。因为这些请求之间的路径是不同的，所以需要告诉 mountebank 使用 path 谓词来创建一个新的 is 响应。可以使用一个名为 predicateGenerators 的 proxy 参数来实现该操作。顾名思义，predicateGenerators 负责在保存的响应上创建谓词，为每个 matches 键值下生成的谓词添加对象，如代码清单 5.3 所示。

代码清单 5.3　为每个路径保存了不同响应的 imposter 响应

```
{
  "proxy": {
    "to": "http://localhost:8080",          ← 代理到给定的基 URL 的新路径
    "predicateGenerators": [{
      "matches": {
        "path": true                          ← 但为每个新路径生成一个谓词
      }
    }]
  }
}
```

可以通过使用了不同路径的一组调用来进行测试：

```
curl http://localhost:3000/inventory/2599b7f4
curl http://localhost:3000/inventory/e1977c9e
```

让我们在更改之后再看看 imposter 的状态：

```
curl http://localhost:2525/imposters/3000
```

stubs 字段包含了新创建的带有谓词的响应，如代码清单 5.4 所示。

代码清单 5.4　保存带有谓词的 proxy 响应

```
{
  "stubs": [
```

```
{
  "predicates": [{
    "deepEquals": { "path": "/inventory/2599b7f4" }
  }],
  "responses": [{
    "is": { "body": "54" }
  }]
},
{
  "predicates": [{
    "deepEquals": { "path": "/inventory/e1977c9e" }
  }],
  "responses": [{
    "is": { "body": "100" }
  }]
},
{
  "responses": [{
    "proxy": {
      "to": "http://localhost:8080",
      "predicateGenerators": [{
        "matches": {
          "path": true
        }
      }],
      "mode": "proxyOnce"
    }
  }]
}
]
}
```

将第一个调用保
存为第一个存根

为了节省空间，大多
数响应都没有显示

使用不同的谓词
创建新的存根

响应会有
所不同

生成的谓词在大多数情况下使用 deepEquals。回想一下，deepEquals 谓词要
求所有字段都存在于像 query 和 headers 这样的对象字段中，因此，如果使用代码
清单 5.4 中所示的简单语法包含其中任何一个字段，那么 mountebank 的后续请求
中必须出现完整的查询字符串参数集或者请求头，才能为保存的响应提供服务：

```
{
  "predicateGenerators": [{
    "matches": {
      "path": true,
      "query": true
    }
  }]
}
```

所有 query 参数
都需要匹配

正如你在第 4 章中看到的，在为对象字段定义谓词时，如果需要的话，可以更加具体一些。例如，无论查询字符串上还有什么，如果希望为每个不同的 path 和 page 查询参数保存不同的响应，就可以找到 query 对象：

```
{
  "predicateGenerators": [{
    "matches": {
      "path": true,
      "query": {
        "page": true        ◄——    只有 page 参数
      }                              需要匹配
    }
  }]
}
```

5.2.2　添加谓词参数

predicateGenerators 字段完全镜像了标准的 predicates 字段，并接受所有相同的参数。predicateGenerators 数组中的每个对象在新创建存根的 predicates 数组中生成相应的对象。例如，如果要生成 path 的区分大小写匹配和 body 的不区分大小写匹配，可以添加两个 predicateGenerators，如代码清单 5.5 所示。

代码清单 5.5　生成区分大小写的谓词

```
{
  "responses": [{
    "proxy": {
      "to": "http://localhost:8080",
      "predicateGenerators": [
        {
          "matches": { "path": true },        生成区分大
          "caseSensitive": true               小写的谓词
        },
        {
          "matches": { "body": true }         生成默认的不区
        }                                      分大小写的谓词
      ]
    }
  }]
}
```

新创建的存根具有两个谓词：

```
{
  "predicates": [
    {
```

```
    "caseSensitive": true,
    "deepEquals": { "path": "..." }
  },
  {
    "deepEquals": { "body": "..." }
  }
],
"responses": [{
  "is": { ... }
}]
}
```

正如你在第 4 章中看到的，除了区分大小写之外，还有更多的参数可用。
jsonpath 和 xpath 谓词参数可以限制谓词的范围，你也可以生成这些范围。

1. 生成 JSONPath 谓词

在第 4 章中，我们演示了在虚拟化独特的 Frank Abagnale 服务的上下文中的
JSONPath 谓词，它显示了著名(真实)冒名顶替者假定的虚假身份列表。部分身份
列表可能如下所示：

```
{
  "identities": [
    {
      "name": "Frank Williams",
      "career": "Doctor",
      "location": "Georgia"
    },
    {
      "name": "Frank Adams",
      "career": "Teacher",
      "location": "Utah"
    }
  ]
}
```

如果需要谓词匹配 identities 数组最后一个元素的 career 字段，那么可以使用
你在第 4 章中看到的相同的 JSONPath 选择器。因为现在想要 mountebank 生成谓
词，所以可以在 predicateGenerators 对象中指定选择器，并依赖代理来填写该值，
如代码清单 5.6 所示。

代码清单 5.6   指定 jsonpath predicateGenerators

```
{
  "proxy": {
    "to": "http://localhost:8080",
```

```
  "predicateGenerators": [{
   "jsonpath": {
     "selector": "$.identities[(@.length-1)].career"
   },
   "matches": { "body": true }
  }]
 }
}
```

保存选择程
序定义的值……

……来自 body
字段

记住，predicateGenerators 处理传入的请求，因此 JSONPath 选择器将保存请求正文中的值。如果将代码清单 5.6 中的 Abagnale JSON 发送到你的代理服务器，那么生成的存根将如下所示：

```
{
  "predicates": [{
    "jsonpath": {
      "selector": "$.identities[(@.length-1)].career"
    },
    "deepEquals": { "body": "Teacher" }
  }],
  "responses": [{
    "is": { ... }
  }]
}
```

从传入的请求正文中的
选择程序捕获的值

未来与给定选择器匹配的请求将使用保存的响应。

2. 生成 XPath 谓词

同样的技术也适用于 XPath。如果将 Abagnale 的身份列表转换为 XML，可能会如下所示：

```
<identities>
  <identity career="Doctor">
    <name>Frank Williams</name>
    <location>Georgia</location>
  </identity>
  <identity career="Teacher">
    <name>Frank Adams</name>
    <location>Utah</location>
  </identity>
</identities>
```

predicateGenerators 镜像了你在第 4 章中看到的 xpath 谓词，因此，如果需要在 Abagnale 伪装为教师的地方匹配谓词，那么代码清单 5.7 就可以实现这一点。

代码清单 5.7　指定 xpath predicateGenerators

```
{
  "proxy": {
    "to": "http://localhost:8080",
    "predicateGenerators": [{
      "xpath": {
        "selector": "//identity[@career='Teacher']/location"
      },
      "matches": { "body": true }
    }]
  }
}
```

保存选择程
序定义的值……

……来自 body
字段

代理创建的谓词显示了正确的位置：

```
{
  "predicates": [{
    "xpath": {
      "selector": "//identity[@career='Teacher']/location"
    },
    "deepEquals": { "body": "Utah" }
  }],
  "responses": [{
    "is": { ... }
  }]
}
```

从传入的请求正文中的
选择程序捕获的值段

3. 捕获多个 JSONPath 或 XPath 值

JSONPath 和 XPath 选择器都可以捕获多个值。要举一个简单的例子，请看下面的 XML：

```
<doc>
  <number>1</number>
  <number>2</number>
  <number>3</number>
</doc>
```

如果在此 XML 文档中使用//number 的 XPath 选择器，则会得到三个值：1、2 和 3。predicateGenerators 字段足够智能，它可以捕获多个值并使用标准谓词数组保存这些值，这需要所有结果都出现在后续请求中以进行匹配，但允许它们以任何顺序出现。

5.3　为同一请求捕获多个响应

到目前为止，我们看到的示例对于在收集真实响应的同时最小化下游服务流量是非常有用的。对于由 predicateGenerators 定义的每种类型的请求，只需要将请求传递给真实的服务一次。这就是默认模式，称为 proxyOnce 更合适。在存根使用 proxy 响应之前，通过确保 mountebank 创建新的存根来满足这一要求(见图 5.5)。mountebank 的首次匹配策略将确保与生成的谓词匹配的后续请求不会到达 proxy 响应。

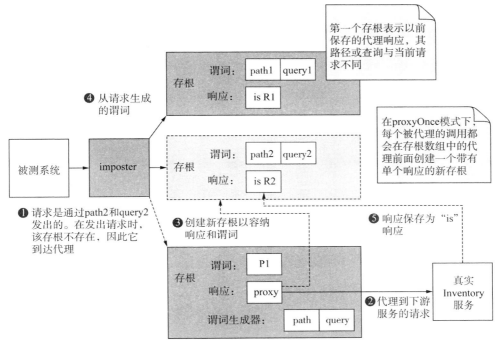

图 5.5　在 proxyOnce 模式下，mountebank 在使用代理的存根之前创建新的存根

proxyOnce 的一个显著缺点是，每个生成的存根只能有一个响应。这是库存服务的一个问题，它会多次返回同一请求的不同响应，从而反映某个项目的库存波动性(见图 5.6)。

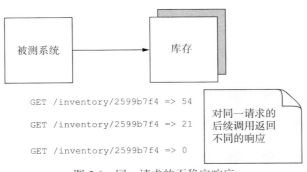

图 5.6　同一请求的不稳定响应

　　在 proxyOnce 模式下，mountebank 仅捕获第一个响应(54)。如果测试用例依赖于库存随时间的波动性，那么需要一个代理来捕获更丰富的数据集进行重放。proxyAlways 模式确保所有的请求都到达下游服务，支持为单个请求类型捕获多个响应(见图 5.7)。

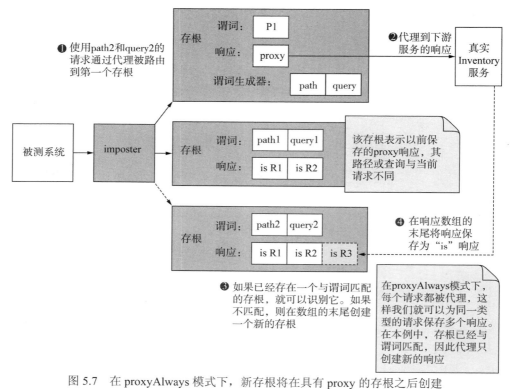

图 5.7　在 proxyAlways 模式下，新存根将在具有 proxy 的存根之后创建

创建这种类型的代理和在模式中传递一样简单，如代码清单 5.8 所示。

代码清单 5.8　创建 proxyAlways 代理响应

```
{
  "proxy": {
  "to": "http://localhost:8080",
  "mode": "proxyAlways",            确保捕获
  "predicateGenerators": [{         所有响应
    "matches": { "path": true }
  }]
  }
}
```

如图 5.5 和图 5.7 所示，proxyOnce 和 proxyAlways 在机制上的关键区别在于，

proxyOnce 在包含 proxy 响应的存根之前生成新的存根，而 proxyAlways 在 proxy 存根之后生成存根。这两种方法在将请求与存根匹配时都依赖于 mountebank 的首次匹配策略。在 proxyOnce 情况下，与生成的谓词匹配的后续请求确保在 proxy 存根之前匹配，而在 proxyAlways 情况下，proxy 存根保证在生成的存根之前匹配。

但是 proxyAlways 不仅仅创建新的存根。它首先检查已经存在谓词的存根是否与生成的谓词匹配，如果匹配，则将保存的响应附加到该存根。该行为允许为同一请求保存多个响应。可以通过多次调用代码清单 5.8 中的 imposter 并查询其状态(通过向 http://localhost:2525/imposters/3000 发送一个 GET 请求，假设它在端口 3000 上启动)来看到这一点。为了节省篇幅并突出特色，在代码清单 5.9 中，省略了每个生成的 is 响应中的完整响应。

代码清单 5.9　多次调用 proxyAlways 响应后的 imposter 状态

```
{
  "stubs": [
    {
      "responses": [{
        "proxy": {
          "to": "http://localhost:8080",
          "mode": "proxyAlways",          ← 确保所有请
          "predicateGenerators": [{          求都被代理
            "matches": { "path": true }
          }]
        }
      }]
    },
    {
      "predicates": [{                     ← 第一个请
        "deepEquals": { "path": "/inventory/2599b7f4" }   求类型
      }],
      "responses": [
        { "is": { "body": "54" } },      已保存所
        { "is": { "body": "21" } },      有响应
        { "is": { "body": "0" } }
      ]
    },
    {
      "predicates": [{                     ← 第二个请
        "deepEquals": { "path": "/inventory/e1977c9e" }   求类型
      }],
      "responses": [{
        "is": { "body": "100" }      ← 只有一
      }]                                个响应
    }
```

```
    ]
  }
```

proxyAlways 代理可以捕获与下游服务一样丰富的完整测试数据集(至少对于发送给它的请求来说)。尽管这对于支持复杂的测试用例来说是很好的,但它也有一个重要的问题。如你在代码清单 5.9 中看到的一样,保存的响应都不会被调用。使用 proxyOnce,你不必担心从录制切换到重放,它会自动发生。但对于 proxyAlways 就不是这样了,现在是时候了解如何告诉 mountebank 重放它捕获的所有数据。

5.4　重放代理的方法

从概念上讲,从录制到重放的切换和删除代理响应一样简单(见图 5.8)。

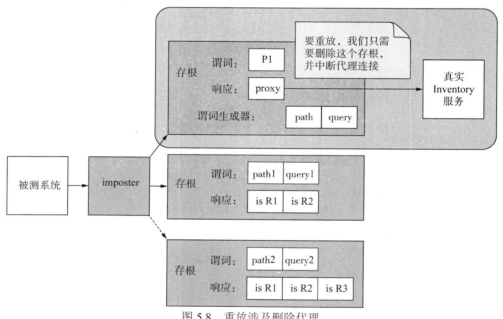

图 5.8　重放涉及删除代理

切换到重放模式只需要一个命令,如下所示:

```
mb replay
```

如果在该命令之后查看日志,你将看到如下内容:

```
info: [mb:2525] GET /imposters?replayable=true&removeProxies=true
info: [mb:2525] PUT /imposters
info: [http:3000] Ciao for now
info: [http:3000] Open for business...
```

这一切换包括重置所有 imposter，并删除代理。可以在第三行看到，你正在关闭现有的 imposter(目前是 Ciao)，并在第四行重新启动它(Open for business……)。前面的行显示了用于发送更改的配置的 API 调用，这与使用--configfile 命令行选项启动 mountebank 时看到的行相同。

第一行显示了 mountebank REST API 的不同部分。正如你可以通过向 http://localhost:2525/imposters/3000 发送 GET 请求来查询单个 imposter 的状态一样(假设 imposter 位于端口 3000 上)，可以在 http://localhost:2525/imposters 查询所有的 imposter。replay 命令向该调用添加两个查询参数：

- 因为所有 imposter 的配置很可能是大量的数据，所以默认情况下会对其进行修整。replayable 查询参数确保返回 replay 的所有重要数据(仅此而已)。
- removeProxies 参数删除 proxy 响应，只留下捕获的 is 响应。

mb replay 命令按原样重放响应。如果不管任何原因需要调整捕获的响应，那么总是可以使用 API 调用来自己获取数据并进行适当的处理。更好的是，可以让 mountebank 的命令行来为你完成这项工作。下面的命令保存所有 imposter 的当前状态，并删除代理：

```
mb save --savefile imposters.json -removeProxies
```

mb save 命令将所有 imposter 配置保存到给定文件中。–save-file 参数指定了保存配置的位置，--removeProxies 标志会从配置中删除 proxy 响应。从功能上讲，mb replay 命令只不过是重启之后的 mb save。下面的命令重新执行 replay 命令：

```
mb save --savefile imposters.json --removeProxies
mb restart --configfile imposters.json
```

在 proxyAlways 模式下保存对下游服务的所有响应并用单个命令重放这些响应的能力明显简化了为富测试套件捕获数据的过程。

5.5　配置代理

代理是可配置的，无论是对于它们发送到下游服务的请求，还是对于它们返回被测试系统生成的响应(见图 5.9)。

当研究行为时，我们来看看如何更改第 7 章中的响应。可以将两种基本类型的配置应用到代理请求：使用基于证书的相互身份验证和添加自定义标题。

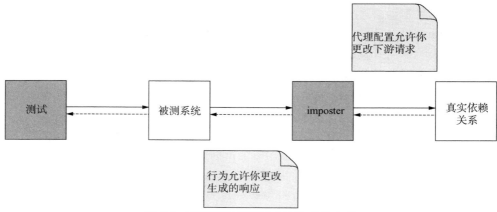

图 5.9   可以配置代理请求和生成的响应

5.5.1   使用相互身份验证

回想一下第 3 章,通过将 mutualAuth 字段设置为 true,可以配置 imposter 以期望得到客户端证书。在这种情况下,配置证书和私钥是被测试系统的责任。如果要代理的下游服务需要相互身份验证,那么必须在代理本身上配置证书(见图 5.10)。

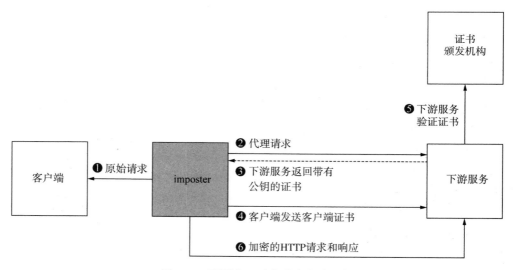

图 5.10   配置代理以传递客户端证书

在这种情况下,设置代理类似于设置 HTTPS imposter。可以直接在代理服务器上设置 PEM 格式的证书和私钥,如代码清单 5.10 所示。

代码清单 5.10　配置代理以传递客户端证书

```
{
  "proxy": {
    "to": "https://localhost:8080",
    "mode": "proxyAlways",
    "predicateGenerators": [{
      "matches": { "path": true }
    }],
    "key": "-----BEGIN RSA PRIVATE KEY-----\n...",     实际文本
    "cert": "-----BEGIN CERTIFICATE-----\n..."          要长得多
  }
}
```

有关完整的 PEM 格式以及如何创建证书，请参阅第 3 章。

5.5.2　添加自定义标题

有时候，添加一个能够传递到下游服务的标题是有用的。例如，许多服务返回压缩响应以提高效率。尽管原始数据可能是人类可读的 JSON，但在压缩之后，它会变成不可读的二进制文件。默认情况下，设置的任何代理都将以不改变压缩数据的方式响应。因为通过标题协商 gzip 压缩是 HTTP 中的一个标准操作，所以被测试系统使用的 HTTP 库将对数据进行解压缩，从而使正在测试的代码能够看到纯文本响应(见图 5.11)。

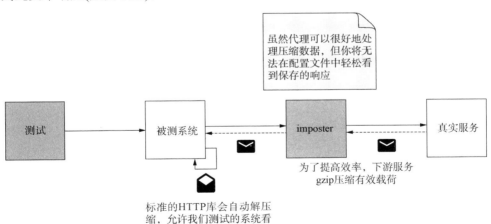

图 5.11　代理压缩响应

到目前为止，你所看到的标准代理配置在将压缩数据返回到被测试系统时没有问题。当想要实际查看数据时，例如在使用 mb save 命令将数据保存到配置文件中之后，就会出现问题。你可能想要检查生成的 is 响应的 JSON 主体，并对它

们进行调整以更好地适应测试用例，却无法这样做。你所能看到的只是编码的二进制字符串[3]。

HTTP 为客户端提供了一种方法，通过将 Accept-Encoding 头设置为"identity"，来告诉服务器不要返回压缩数据。来自被测系统的原始请求可能不包括此头部，因为它可以很好地处理压缩数据(出于效率原因，在生产中使用压缩数据是一个好主意)。幸运的是，可以将头插入代理请求中，如代码清单 5.11 所示。

代码清单 5.11　向请求中注入头以防止响应压缩

```
{
  "proxy": {
    "to": "http://localhost:8080",
    "mode": "proxyAlways",
    "predicateGenerators": [{
      "matches": { "path": true }
    }],
    "injectHeaders": {
      "Accept-Encoding": "identity"        ◄──── 防止响
    }                                            应压缩
  }
}
```

如果需要插入多个头部，请向 injectHeaders 对象添加多个键/值对。每个头都将被添加到原始请求标题中。

5.6　代理用例

到目前为止，本章中的示例主要集中在使用代理来记录和重放。这是代理最常见的用例，因为它允许你通过记录真实的流量来为测试套件捕获一组丰富的测试数据。此外，代理至少还有两个其他用例：作为回退响应和作为向 HTTPS 服务呈现 HTTP 外观的方式。

5.6.1　使用代理作为回退

虽然这不是一种常见的情况，但有时当依赖关系稳定、可靠且高度可用时，可以方便地针对实际依赖关系进行测试。我参与的一个项目是针对软件即服务(SaaS)信用卡处理器进行测试，SaaS 提供商支持可靠的生产前测试环境。实际上，它可能太可靠了。"快乐路径"测试(测试服务的预期流程)很容易，但这项服务如此可靠，以至于很难测试错误条件。

---

[3]　我们将在第 8 章中研究 mountebank 如何处理二进制数据。

通过使用部分代理，可以获得两个方面的最佳效果。大多数调用都会流入信用卡处理服务，但是一些特殊的请求会触发隐藏的错误响应。mountebank 通过依赖首次匹配策略来支持该方案，将错误条件放在第一位，代理放在最后(见图 5.12)。

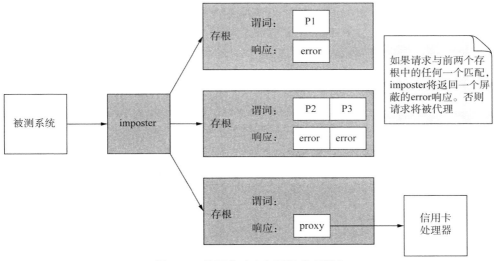

图 5.12　将屏蔽响应与回退代理混合

注意，代理没有谓词，这意味着所有与前一个存根上的谓词不匹配的请求都将流向代理。确保所有请求都流向信用卡处理器，需要将代理置于 proxyAlways 模式。在代码清单 5.12 中，实现这一点的代码依赖于将 proxy 存根放到最后。

代码清单 5.12　使用部分代理

```
{
  "port": 3000,
  "protocol": "http",
  "stubs": [
    {
      "predicates": [{
        "contains": { "body": "5555555555555555" }      如果正文中包含
      }],                                               这张信用卡#……
      "responses": [{
        "is": { "body": "FRAUD ALERT... " }      ……发送 fraud-alert
      }]                                          响应
    },
    {
      "predicates": [{
        "contains": { "body": "4444444444444444" }      如果它包含这
      }],                                               张信用卡#……
```

```
      "responses": [{
        "is": { "body": "INSUFFICIENT FUNDS..." }        ┄┄发送 over-balance
      }]                                                    响应
    },
    {
      "responses": [{
        "proxy": {
          "to": "http://localhost:8080",                  所有其他调用都
          "mode": "proxyAlways"                            转到真实服务
        }
      }]
    }
  ]
}
```

在该方案中，不会用到 mb replay，因为你不会尝试虚拟化下游服务。mountebank 仍然会创建新的存根和响应，因此对于任何长期存在的部分代理来说，都会遇到内存泄漏。未来版本的 mountebank 将支持配置代理而不是记住每个响应。

5.6.2　将 HTTPS 转换为 HTTP

另一个不太常见的方案是让 HTTPS 服务更容易测试。当我看到这一点时，它是企业测试环境中的一个解决方案，该环境没有正确配置 SSL，导致证书无法根据证书颁发机构进行验证。正如我在第 3 章中提到的，我强烈建议不要更改测试中的系统以接受无效证书，因为这样做有将该配置发布到生产中的风险。虽然最好的解决方案是固定测试环境证书，但是一些企业的分工使得这一点很难做到。假设你觉得被测系统能够充分使用有效证书协商 HTTPS(几乎总是由核心语言库提供的行为)，那么可以依赖 mountebank 将错误配置的 HTTPS 桥接到 HTTP，如代码清单 5.13 所示。

代码清单 5.13　使用代理将 HTTPS 桥接到 HTTP

```
{
  "port": 3000,
  "protocol": "http",    ◄─────        imposter 本身就是一个
  "stubs": [{                          HTTP 服务器┄┄
    "responses": [{
      "proxy": {
        "to": "https://localhost:8080",    ◄──────    ┄┄但将请求转发到
        "mode": "proxyAlways"                          HTTPS 服务器
      }
    }]
  }]
}
```

因为 mountebank 旨在尚未完全配置的环境中测试，所以 imposter 本身不会在代理调用期间验证证书。这不需要更改被测系统中的配置。

5.7　本章小结

- proxy 响应捕获真正的下游响应，并将其保存以备将来重放。默认 proxyOnce 模式将响应保存在 proxy 存根前面，这意味着你不需要做任何事情来重放响应。

- proxyAlways 模式允许你通过捕获同一逻辑请求的多个响应来获取完整的测试数据集。必须使用 mb replay 从记录模式显式切换到重放模式。

- predicateGenerators 字段告诉 mountebank 如何基于传入的请求创建谓词。用于区分请求的所有字段都在 matches 对象中列出。对参数的配置与普通谓词相同。

- 代理支持相互身份验证。你负责设置 key 和 cert 字段。

- 可以使用 injectHeaders 字段更改代理请求发送到下游服务的请求标题。例如，这有利于禁用压缩以便保存文本响应。

第 *6* 章

mountebank编程

本章主要内容：
- 匹配请求，即使没有一个标准谓词做到这一点
- 向 mountebank 响应添加动态数据
- 进行网络调用以创建 stub 响应
- 保护 mountebank 免受不需要的远程执行的影响
- 在 mountebank 中调试脚本

大多数开发人员都有某种工具或框架的经验，在面对实际情况时，利用这些经验解决不了问题。mountebank 的一个主要目标是让简单的事情容易做，让困难的事情成为可能。全部的默认设置、谓词和简单的 is 响应使你能够用简单的解决方案解决简单的问题。支持证书、JSON、XML 和代理有助于为更困难的问题创建解决方案。但有时，这还不够。

有时，mountebank 的内置功能并不会直接支持你的用例。基于 JSON 和 XML 的匹配谓词很好，但如果请求使用 CSV 格式呢？或者假设有一个服务需要在随后的响应中重放来自先前请求的信息，而这需要有状态的内存。也许用例足够复杂以至于代理失效。或者可能需要从 mountebank 的外部获取一些数据，并将其插入到 stub 响应中。

你需要 inject。

mountebank 附带了几个可脚本化接口，我们将在第 7 章和第 8 章中对此进行研究。主要的可脚本化接口以一种新的谓词类型和一种新的响应类型的形式出现，这两种类型都称为 inject，允许以 mountebank 不支持的方式匹配请求并创建响应。

6.1   创建自己的谓词

像大多数技术专家一样，我喜欢在闲暇的时候假扮成摇滚明星。将这种需求扩展为一组微服务需要一个 manager 服务(管理我的行程)和一个 roadie 服务(管理我的器械)。这两个服务共同保护我的吉他不受过度潮湿的影响(见图 6.1)。

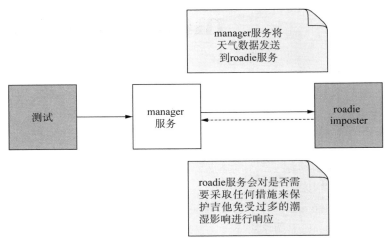

图 6.1   保护我的吉他的服务协作

假设 manager 服务(测试中的系统)负责向 roadie 服务发送 CSV 格式的最新天气报告，roadie 服务会使用这些信息来保护我的吉他不受危险湿度等级的影响。好的声学吉他是由木头制成的，通常希望保持在 40%～60%的湿度范围内，而 roadie 服务负责在需要保护吉他不受过度湿度的影响时提醒 manager 服务。

尽管虚拟化 roadie 服务有点不可思议，但你将经常遇到使用 JSON 或 XML 以外的语言作为通用语言的服务。在某些类型的服务集成中，CSV 仍然是一种相对流行的格式，特别是那些涉及在团队或组织之间传递一些批量样式信息的格式，例如：

- 从营销研究合作伙伴那里检索一组扩充的客户信息，该合作伙伴已将(例如)人口统计信息添加到你的客户信息中。
- 从外部合作伙伴处按邮政编码检索美国最新税率列表。
- 从内部团队检索批量报告信息。

对于这个示例，你将期望 manager 服务以类似于 weather.com 网站中所用的格式来传递天气数据，显示未来 10 天的天气信息，如代码清单 6.1 所示。

代码清单 6.1   天气 CSV 服务有效载荷

```
Day,Description,High,Low,Precip,Wind,Humidity
4-Jun,PM Thunderstorms,83,71,50%,E 5 mph,65%
```

```
5-Jun,PM Thunderstorms,82,69,60%,NNE 8mph,73%
6-Jun,Sunny,90,67,10%,NNE 11mph,55%
7-Jun,Mostly Sunny,86,65,10%,NE 7 mph,53%
8-Jun,Partly Cloudy,84,68,10%,ESE 4 mph,53%
9-Jun,Partly Cloudy,88,68,0%,SSE 11mph,56%
10-Jun,Partly Cloudy,89,70,10%,S 15 mph,57%
11-Jun,Sunny,90,73,10%,S 16 mph,61%
12-Jun,Partly Cloudy,91,74,10%,S 13 mph,63%
13-Jun,Partly Cloudy,90,74,10%,S 17 mph,64%
```

mountebank 本身不支持 CSV，它也没有 greaterThan 谓词来检查湿度是否大于 60%，因此这已经超出了它的内置功能。但是让我们大胆设想一下，你对 roadie 服务的期望是，如果至少连续三天超出范围，或者一天超出范围的 10%以上(见图 6.2)，它就会按下紧急按钮。

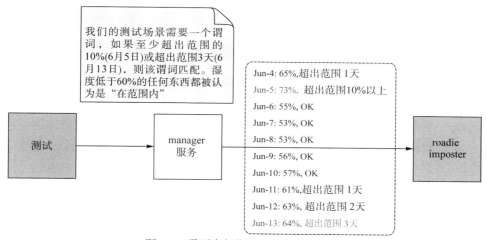

图 6.2　需要高级谓词逻辑的测试场景

这就构成了一个复杂的谓词，但没有人说成为摇滚明星是容易的。可以使用 JavaScript 和 inject 谓词来创建自己的谓词，但首先必须使用–allowInjection 命令行标志启动 mountebank：

```
mb –allowInjection
```

日志在启动时显示警告，提示默认情况下禁用插入的原因：

```
info: [mb:2525] mountebank v1.13.0 now taking orders -
➡ point your browser to http://localhost:2525 for help
warn: [mb:2525] Running with --allowInjection set.
➡ See http://localhost:2525/docs/security for security info
```

现在可以继续查看给定 URL 上提供的文档，或者等到本章后面讨论安全性主题。你不应该忽视警告。能用 JavaScript 注入和 mountebank 完成非常复杂的逻辑功能真是太好了。然而，网络上可以访问你的计算机的恶意攻击者也可以。他们现在有一个监听套接字的远程执行引擎。你可以保护自己，我们在本章的结尾将探讨如何做到这一点。目前来说，最安全的选择是添加--localOnly 标志，其中 dis-允许远程连接：

```
mb restart --allowInjection --localOnly
```

我们在第 4 章中看到的所有谓词都在一个请求字段上操作。而 inject 则不是这样，它通过将整个请求对象传递到所编写的 JavaScript 函数中来进行完全的控制。如果谓词与请求匹配，则该 JavaScript 函数返回 true，否则返回 false，如代码清单 6.2 所示[1]。

代码清单 6.2　inject 谓词的结构

```
function (request) {
  if (...) {                    ←———————  条件可以使
    return true;  ←———┐                   用整个请求
  }                    谓词
  else {               匹配
    return false;  ←———┐
  }                    谓词不
}                      匹配
```

将函数插入存根的 predicates 数组涉及 JSON 转义函数，该函数将换行符替换为'\n'，并转义双引号：

```
{
  "predicates": [{
    "inject": "function (request) {\n if (...) {\n
➡   return true;\n }\n else {\n return false;\n }\n}"
  }],
  "responses: [{
    "is": { ... }
  }]
}
```

我不建议手动执行 JSON 转义操作。在下面的示例中，将使用 EJS 模板，并将 stringify 函数 mountebank 添加到 EJS 中。(有关如何布局配置文件的详细信息，请参阅第 3 章)[2]如果你正在代码中构建 imposter 配置，那么 JSON 库应该管理转义。

现在你要做的就是编写 JavaScript 函数。我特意创建了一个复杂的示例来表明注入几乎可以完成任何任务。让我们一点一点地了解 JavaScript，从分析 CSV

---

[1]　作为一种语言，JavaScript 有很多缺点，专家会告诉你，你可以返回 truthy 或 falsy。我从来都不想知道这意味着什么，所以我坚持 true 或 false，并建议你也这样做。

[2]　在 https://github.com/bbyars/mountebank-in-action 上浏览 GitHub repo，以查看完整的示例。

的函数开始。你需要一个函数来获取原始文本，如代码清单 6.1 所示，并将其转换为一个 JavaScript 对象数组：

```
[
  {
    "Day": "4-Jun",
    "Description": "PM Thunderstorms",
    "High": 83,
    "Low": 71,
    "Precip": "50%",
    "Wind": "E 5 mph",
    "Humidity": "65%"
  },
  ...
]
```

调用代码清单 6.3 中列出的 **csvToObjects** 中显示的函数。

代码清单 6.3　分析 CSV 数据的 JavaScript 函数——csvToObjects

```
function csvToObjects (csvData) {        ← csvData 是
  var lines = csvData.split('\n'),           原始文本
      headers = lines[0].split(','),   ← 按行尾拆
      result = [];                        分输入
  // Remove the headers
  lines.shift();                   ← 删除第一
                                      行(标题)
  lines.forEach(function (line) {
    var fields = line.split(','),
      row = {};
                                    ← 按逗号
                                      拆分行
    for (var i = 0; i < headers.length; i++) {
      var header = headers[i],
        data = fields[i];
      row[header] = data;          ← 添加按标题
    }                                 键控的数据

    result.push(row);   ←—— 添加到数组
  });

  return result;
}
```

就 CSV 分析函数而言，这是最简单的。它适用于你的数据，但不适用于涉及引号内转义逗号和其他边缘场景的更复杂的数据。

你需要的下一个功能是查找连续三天湿度超过 60%的情况，如代码清单 6.4 所示。

代码清单 6.4   寻找连续三天超出范围的情况

```
function hasThreeDaysOutOfRange (humidities) {    ◀────    接受表示湿度水
  var daysOutOfRange = 0,                                  平的整数数组
      result = false;

  humidities.forEach(function (humidity) {
    if (humidity < 60) {
      daysOutOfRange = 0;    ◀────    如果湿度在范围内,
      return;                         则重置计数器
    }

    daysOutOfRange += 1;
    if (daysOutOfRange ≥ 3) {    ◀────    如果湿度超出范围达
      result = true;                      三天, 则设置结果
    }
  });

  return result;
}
```

检测连续三天超出湿度的范围非常复杂, 可以提取到单独的函数中, 但编码并不太困难。最后一次检查——寻找湿度超出范围 10% 以上的一天——这非常简单, 可以使用 JavaScript 内联数组的 some 函数, 如果提供的函数对于数组的任何元素都为 true, 则返回 true。谓词函数如代码清单 6.5 所示。

代码清单 6.5   测试过高湿度的谓词

```
function (request) {    ◀────    传入请求对象
  function csvToObjects (csvData) { ... }    ◀────    请参见代码清单 6.3

  function hasThreeDaysOutOfRange (humidities) { ... }    ◀────    请参见代码清单 6.4

  var rows = csvToObjects(request.body),
      humidities = rows.map(function (row) {              将 CSV 行转换为
        return parseInt(row.Humidity.replace('%', ''));   湿度整数列表
      }),
      hasDayTenPercentOutOfRange = humidities.some(       查找 10%
        function (humidity) { return humidity >= 70; }    太高
      );

  return hasDayTenPercentOutOfRange ||                    如果任一条件为
      hasThreeDaysOutOfRange(humidities);                 真, 则匹配
}
```

当在存根中包含一个 inject 谓词时, mountebank 将向提供的函数传递整个请

求对象。你已经将 csvToObjects 和 hasThreeDaysOutOfRange 函数作为父谓词函数中的子函数包含在内。可以使用这种方法来包含相当复杂的代码。

添加这个谓词可以有效地模拟 roadie 服务,以高保真度虚拟化其行为。尽管这突出了 JavaScript 注入的强大功能,但它也引起了对服务虚拟化的重要关注。

虚拟化 roadie 服务是演示 inject 功能的一个很好的例子。然而,它确实有两个相当严重的缺点:它不能让我成为真正的摇滚明星,并且很可能你想要在真实的应用程序堆栈中避免对其进行虚拟化。请记住,服务虚拟化是一种测试策略,它在测试具有运行时依赖性的服务时提供确定性。这不是在不同平台中重新实现运行时依赖性的方法。尽管 mountebank 提供了高级功能,使存根在需要时更智能,但最佳选择是不需要它们如此智能。虚拟服务越不智能,测试架构的可维护性就越高。

6.2　创建自己的动态响应

你还可以在 mountebank 中创建自己的响应。inject 响应连接了 is 和 proxy 来取舍核心响应类型,它表示 JavaScript 生成的动态响应。响应注入函数以其最简单的形式镜像谓词,并接受整个请求作为参数。它负责返回 mountebank 将与默认响应合并的响应对象。将其视为使用 JavaScript 函数创建的 is 响应,如代码清单 6.6 所示。

代码清单 6.6　响应注入的基本结构

```
{
  "responses": [{
    "inject": "function (request) { return { statusCode: 400 }; }"
  }]
}
```

在这一基本形式中,很容易用响应注入来替换用于虚拟化 roadie 服务的谓词注入。因为你要给响应注入函数提供与谓词注入函数相同的请求,所以可以删除谓词注入并将条件转移到生成响应的函数中,如代码清单 6.7 所示。

代码清单 6.7　用于虚拟化 roadie 服务湿度检查的响应注入函数

```
                              mountebank
                              将请求传入
function (request) {  ◄─────
  function csvToObjects (csvData) { ... }        ◄───── 请参见代码
                                                        清单 6.3

  function hasThreeDaysOutOfRange (humidities) { ... }  ◄───── 请参见代码
                                                                清单 6.4
```

```
var rows = csvToObjects(request.body),
  humidities = rows.map(function (row) {
    return parseInt(row.Humidity.replace('%', ''));
  }),
  hasDayTenPercentOutOfRange = humidities.some(
    function (humidity) { return humidity >= 70; }
  ),                                                         捕获条件
  isTooHumid = hasDayTenPercentOutOfRange ||  ◀
               hasThreeDaysOutOfRange(humidities);

if (isTooHumid) {
  return {
    statusCode: 400,                                         返回失
    body: 'Humidity levels dangerous, action required'      败响应
  };
}
else {
  return {                                                   返回正确
    body: 'Humidity levels OK for the next 10 days'         路径响应
  };
}
}
```

　　与返回 true 或者 false 不同的是，响应注入返回响应对象，或者至少返回不属
于默认响应的部分来确定谓词是否匹配。在这种情况下，如果湿度检查要求你执
行操作，那么它返回一个 400 状态代码和一个指示操作的正文，或者返回一个默
认的 200 代码，和一个让你知道湿度水平正常的正文。

6.2.1   添加状态

　　乍一看，在这个例子中，使用谓词注入和使用响应注入没有太大的区别。但
是对于复杂的工作流，响应注入有一个关键的优势：它们可以保持状态。要了解
它的作用，可以设想必须虚拟化一个场景，其中 manager 服务发送多个天气报告，
而 roadie 服务即使已经包含了 manager 服务发送的两个报告，仍然需要检测连续
三天超出范围的情况(见图 6.3)。

　　mountebank 将状态参数传递到响应注入函数中，该函数可以用来记住跨多个
请求的信息。它最初是一个空对象，但是可以在每次执行注入函数时向它添加你
希望加入的任何信息。在本例中，必须每天保存湿度结果，这样即使连续三天湿
度超过 60%，manager 服务也会发出两个请求，就可以检测到危险的湿度水平。

　　首先，将参数添加到函数中，并使用要记住的变量对其进行初始化。在这种
情况下，state 将记住天数，并且如果 roadie 服务看到了某一天未曾见到的天气报
告，那么函数会将湿度添加到列表中。

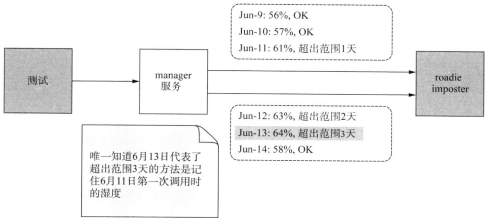

图 6.3　需要包含两个报告来检测危险的湿度

```
function (request, state) {
  if (!state.humidities) {
    state.days = [];
    state.humidities = [];
  }
  ...
}
```

现在，函数的其余部分几乎与代码清单 6.7 相同。只需要在适当的时间添加到 state.humidites 数组，并对该数组而不是对局部变量进行检查，如代码清单 6.8 所示。

代码清单 6.8　记住响应之间的状态

```
function (request, state) {
  function csvToObjects (csvData) {...}

  function hasThreeDaysOutOfRange (humidities) {...}

  // Initialize state arrays
  if (!state.humidities) {
    state.days = [];
    state.humidities = [];
  }

  var rows = csvToObjects(request.body);

  rows.forEach(function (row) {                ← 只有在前一天没有看到的
    if (state.days.indexOf(row.Day) < 0) {         情况下才会添加到列表中
      state.days.push(row.Day);
```

```
      state.humidities.push(row.Humidity.replace('%', ''));    ◄── 添加新
  }                                                                的湿度
});

var hasDayTenPercentOutOfRange =
  state.humidities.some(function (humidity) {    ◄── 将这些函数切换为
    return humidity >= 70;                            使用状态变量
});

if (hasDayTenPercentOutOfRange ||
  hasThreeDaysOutOfRange(state.humidities)) {
  return {
    statusCode: 400,
    body: 'Humidity levels dangerous, action required'
  };
}
else {
  return {
    body: 'Humidity levels OK'
  };
}
}
```

现在，虚拟 roadie 服务可以跟踪多个湿度水平的请求。注入只有一个特性有待研究，但它是一个大的主题：异步操作。

6.2.2   添加异步

在 JavaScript 中加入了异步性，在某种程度上，通常需要访问用于构建动态响应的任何文件或网络资源。理解为什么需要快速了解编程语言是如何管理 I/O 的，因为在这方面，JavaScript 是相当罕见的。在微软引入支持 Ajax 请求的 XMLHttpRequest 对象之前，JavaScript 缺少在其他语言的基类库中存在的任何形式的 I/O。Node.js 需要向 JavaScript 添加完整的 I/O 函数，但它遵循了一代 Web 开发人员熟悉的 Ajax 模式：使用回调。

请看代码清单 6.9 所示的代码以对文件中的行进行排序。这是在 Ruby 中编写的，但是代码在 Python、Java、C#和大多数传统语言中都是相似的。

代码清单 6.9   使用传统 I/O 对文件中的行进行排序

```
lines = File.readlines('input.txt')
puts lines.sort
puts "The end..." "
```

首先将 input.txt 文件中的所有行读取到一个数组中，然后对数组进行排序，

再将输出打印到控制台。最后，将"The end…"输出到控制台。乍一看，没有比这更简单的了，但是 File.readlines 函数隐藏了相当复杂的内容。

如图 6.4 所示，Ruby 必须对操作系统(OS)进行系统调用，因为只有 OS 具有与硬件交互的适当权限，包括用于存储 input.txt 的磁盘。为了在等待结果的同时争取时间, OS 调度程序切换到另一个进程执行一段时间。当磁盘上的数据可用时，操作系统会将其反馈回原始进程。计算机响应得足够快，这在很大程度上对用户是透明的；对于大多数 I/O 操作来说，应用程序仍然会感觉到响应相当积极。它对开发人员也是透明的，因为代码的线性性质与一个心理模型相匹配，这就是为什么阻塞 I/O——在操作完成之前拥有进程块是最常见的 I/O 形式。

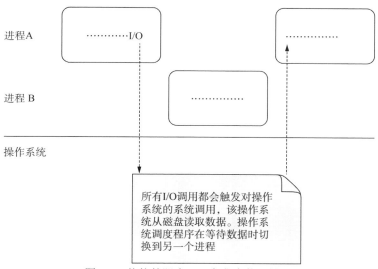

图 6.4   传统的阻塞 I/O 会发生什么情况

JavaScript 诞生于 Web，它是一个富有事件的编程环境，例如当用户在文本字段中按下一个或多个按钮时做出响应。AJAX 通过允许用户从服务器获取数据而不刷新整个页面(一种涉及网络的 I/O 形式)，使网页的响应更加迅速，它维护了该事件模型，将从服务器获取响应视为一个事件。当 Ryan Dahl 编写 Node.js 以便向 JavaScript 添加更多 I/O 功能时，他有意保持使用该事件模型，因为他想用主流语言探索非阻塞 I/O。开发人员已经习惯了 Ajax 事件，这使得 JavaScript 很自然地适合使用(见图 6.5)。

每个 I/O 操作注册一个回调函数，当操作系统有数据时执行该函数，并且程序会立即继续执行到下一行代码。让我们使用非阻塞 I/O，用 JavaScript 重写 Ruby 文件排序操作，如代码清单 6.10 所示。

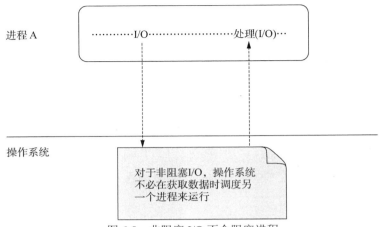

图 6.5　非阻塞 I/O 不会阻塞进程

代码清单 6.10　使用非阻塞 I/O 进行文件排序

```
var fs = require('fs');              用于文件系统操
                                     作的内置节点库
fs.readFile('input.txt', function (err, data) {      忽略错误处理
  var lines = data.toString().split('\n');
  console.log(lines.sort());
});
                                     在实际读取文件
                                     之前继续执行
console.log('The end...');
```

　　回调函数作为参数被传递给 fs.readFile，并立即执行到下一行代码。稍后，当操作系统具有 input.txt 的内容时，将执行回调函数，并提供排序行。这个流程意味着，在本例中，在打印 input.txt 的排序行之前，将把"The end..."打印到控制台。

　　在撰写本文时，谓词注入不支持异步操作。但是，异步支持在响应注入方面很重要，因为 I/O 操作在编写动态响应脚本时通常很有价值。让我们通过在 mountebank 中虚拟化一个简单的 OAuth 流来展示一个示例。

OAuth

　　OAuth 是一个委托授权框架。它允许一方(资源所有者)支持另一方(客户端)对由第三方(资源服务器)持有的资源进行操作，其中资源所有者的身份由第四方(授权服务器)保证。通常可以以各种方式转换这四个角色，从而创建多个可选流。

　　标准用例是指用户(资源所有者)允许 Web 应用程序(客户端)在向第三方(授权服务器)提供凭据后，对第三方，如 GitHub(资源服务器)，持有的资源执行操作。该流允许 Web 应用程序代表用户在 GitHub 中执行安全操作，即使用户从未向该网站提供其 GitHub 凭据。

这种 OAuth 流很常见，其机制很难被根除。在"虚拟化 OAuth 支持的 GitHub
客户端"一节中，我利用这个机会说明如何通过构建一个小的 GitHub Web 应用
程序和虚拟化用于测试的 GitHub API 来管理 inject 响应中的异步。

1. 虚拟化 OAuth 支持的 GitHub 客户端

在 https://github.com/marketplace 中有大量的 GitHub 客户端应用程序，然而，
它们未能解决本书读者面临的问题：使用 mountebank repo[3]。但是 GitHub 有一个
公共的 RESTful API，支持构建应用程序。将这个应用程序当作正在测试的系统，
但要求虚拟化 GitHub API 本身。

GitHub 使用 OAuth，在 Github 接受一个 API 调用来启动 repo 之前，它需要
一组复杂的交互[4]。你需要做的第一件事是注册新的应用程序，可以在
https://github.com/settings/applications/new 上注册(见图 6.6)。

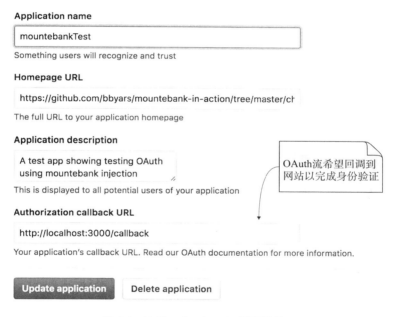

图 6.6　注册一个 GitHub 应用程序

OAuth 流希望回调以完成身份验证，并使用注册期间提供的 URL 进行回调。
一般流程如图 6.7 所示。

---

[3]　对于愿意使用传统方式的读者，可以直接访问 repo，网址为 https://github.com/bbyars/mountebank。
[4]　我们将使用在 https://developer.github.com/v3/guides/basics-of-authentication/中描述的基本 OAuth
Web 流。

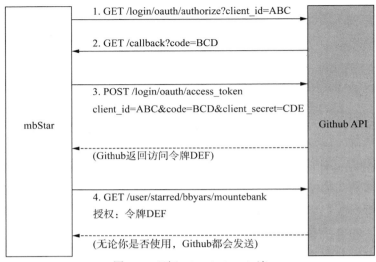

图 6.7　理解 GitHub OAuth 流

应用程序调用/login/oauth/authorize 端点，并传递 client_id。GitHub 调用注册期间提供的回调 URL，传递随机 code。然后，应用程序调用/login/oauth/access_token URL，发送 client_id、code 和 client_secret。如果所有这些都正确完成，GitHub 将返回一个令牌，应用程序可以使用它来授权后续调用。虽然这款虚构应用程序的设计初衷是让你在不熟悉 mountebank repo 的情况下使用它，但我只会展示如何测试你是否已经使用了 mountebank repo。(在我的法律顾问的建议下，我决定让使用 mountebank 作为读者的练习)

在 GitHub 上注册时提供 client_id 和 client_secret(见图 6.8)。就像私钥一样，你应该对 client_secret 保密。不应该将它存储在源代码管理中，而且最不应该将它发布到一本供数百万人阅读的书中[5]。

测试用例应该验证整个流程，要求虚拟化三个 GitHub 端点。在结构上，GitHub imposter 需要有三个存根来表示这些端点(见图 6.9)。可以虚拟化最后两个调用，以获取令牌并检查是否在 mountebank repo 中已使用简单的 is 响应。不能为了授权而使用 is 响应来虚拟化实际授权的第一个调用。它必须回调到被测系统，这一事实要求不再使用简单的存根方法，使用 inject 响应和一个易于识别的测试代码进行回调。

---

[5]　别担心，在你有机会读到这些单词之前，我删除了这个示例应用程序。尽管可以使用 https://github.com/bbyars/mountebank-in-action 中的相同代码，但你必须注册自己的应用程序才能完全使用所讨论的源代码。

图 6.8　查看客户端秘密以便与 GitHub 通信

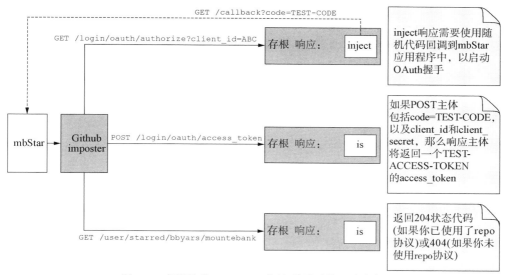

图 6.9　虚拟化此 GitHub 工作流所需要的三个存根

对 imposter 创建的测试数据使用易于识别的名称(如 TEST-CODE 和 TEST-ACCESS-TOKEN)是一个有用的提示，可以使其更容易在复杂的工作流中被发现。

2. 启动 OAuth 握手

第一个端点(/login/oauth/authorize)通过向 Web 应用程序发送随机代码 (TEST-CODE)来启动 OAuth 握手。这也是最复杂的响应，涉及调用被测系统，而使用 is 或 proxy 响应无法解决这一问题。从概念上讲，存根类似于代码清单 6.11 所示。

代码清单 6.11　使用响应注入进行 OAuth 回调的存根

```
{
  "predicates": [{
    "equals": {
      "method": "GET",
      "path": "/login/oauth/authorize",
```

```
    "query": {
      "client_id": "<%= process.env.GH_CLIENT_ID %>"    ◄──── 添加环
    }                                                           境变量
  }
}],
"responses": [{                                           ◄──── mountebank
  "comment": "This sends back a code of TEST-CODE",              忽略此行
  "inject": "<%- stringify(filename, 'auth.js') %>"      ◄──── 引入注入功能
}]
}
```

测试和示例 Web 应用程序都使用 client_id 和 client_secret 的环境变量，使用
EJS 模板将它们插入到配置文件中。请注意，在响应中还添加了注释字段。
mountebank 会忽略它无法识别的任何字段，因此你总是可以添加更多的元数据。
对于像这样复杂的工作流，这种注释可以更容易跟踪。

代码清单 6.12 显示了 auth.js 中的注入函数。

代码清单 6.12　用于进行 OAuth 回调的注入函数

```
function (request, state, logger, callback) {
  var http = require('http'),
    options = {
      method: 'GET',
      hostname: 'localhost',
      port: 3000,                                     ◄──── 用 TEST-CODE
      path: '/callback?code=TEST-CODE'                        回调
    },
    httpRequest = http.request(options, function (response) {
      var body = '';
      response.setEncoding('utf8');
      response.on('data', function (chunk) {         用于收集响应主体的
        body += chunk;                                 Node.js 代码
      });
      response.on('end', function () {               ◄──── 异步返
        callback({ body: body });                            回响应
      });
    });                                              发送请求并
  httpRequest.end();                             ◄──── 从函数返回
}
```

大部分代码操作 Node.js 的 http 模块来调用 http://localhost:3000/callback?
code=TEST-CODE。由于 HTTP 调用涉及网络 I/O，因此函数在调用 httpRequest.end()
后立即返回。当网络调用返回时，Node.js 调用作为参数传递给 http.request()调用
的函数。节点的 http 库将返回 HTTP 响应流，因此你可能会收到多个 data 事件，

并且必须在执行过程中收集响应主体。当收到整个响应后，节点将触发 end 事件，此时可以创建所需的响应。在这种情况下，将返回与所提供的回调 URL 相同的正文。将其传递给 callback 函数参数以结束响应注入，并将该参数作为对 mountebank 的响应返回。

例如，如果调用 http://localhost:3000/callback？code=TEST-CODE 返回了"你已经使用了 mountebank repo"的正文，那么注入函数的最终结果将等同于下面的 is 响应：

```
{
  "is": {
    "body": "You have already starred the mountebank repo"
  }
}
```

记住，mountebank 的一个关键目标是使简单的事情容易做，并使困难的事情成为可能。虚拟化 OAuth 流很困难。这和你在大多数涉及服务虚拟化的测试中看到的流程一样复杂。当然有很多事情要做，但可以用大约 20 行的 JavaScript 来完成其中的困难部分，当遇到类似的问题时，你会感激 mountebank 至少可以解决这些问题。

3. 验证 OAuth 授权

让我们看看/login/oauth/ access_token 端点的下一个存根。只有当应用程序在其请求正文中映射回 TEST-CODE 并正确发送预配置的 client_id 和 client_secret 时，才应匹配此项。可以使用谓词和简单的 is 响应返回测试访问令牌，如代码清单 6.13 所示。

代码清单 6.13　获取访问令牌的存根

```
{
  "predicates": [
    {
      "equals": {
        "method": "POST",
        "path": "/login/oauth/access_token"
      }
    },
    {
      "contains": {
        "body":
➡ "client_id=<%= process.env.GH_CLIENT_ID %>"    ◄──── 需要环境中的
      }                                                    client_id
    },
    {
```

```
    "contains": {
      "body":
➡ "client_secret=<%= process.env.GH_CLIENT_SECRET %>"          ◄──── 需要环境中的
    }                                                                   client_secret
  },
  {
    "contains": {
      "body": "code=TEST-CODE"          ◄──── TEST-CODE 来自上一
    }                                          个存根中的注入
  }
],
"responses": [{
  "is": {
    "body": {
      "access_token": "TEST-ACCESS-TOKEN",          ◄──── 返回测试
      "token_type": "bearer",                              访问令牌
      "scope": "user:email"
    }
  }
}]
}
```

一旦你的 Web 应用程序检索到 access_token，它就成功地找到了 OAuth 流。

4. 检查你是否使用了 mountebank

此时，应用程序应配备一个访问令牌，并进行 GitHub 调用，以检查你是否已使用 mountebank repo。谓词需要验证令牌，并且可以再次使用简单的 is 响应，如代码清单 6.14 所示。

代码清单 6.14　检查你是否使用了 mountebank repo 的存根

```
{
  "predicates": [{
    "equals": {
      "method": "GET",
      "path": "/user/starred/bbyars/mountebank",
      "headers": {                                                    验证
        "Authorization": "token TEST-ACCESS-TOKEN"          ◄──── 令牌
      }
    }
  }],                                                        mountebank
  "responses": [{                                            忽略此行
    "comment": "204=yes, 404=no",          ◄────
    "is": { "statusCode": 404 }          ◄────         表示用户没
  }]                                                   有使用 rep
}
```

有了 OAuth 虚拟化，就很容易截取任何其他 API 端点。你所要做的就是检查 Authorization 头，如代码清单 6.14 所示。

6.2.3　确定响应与谓词注入之间的关系

mountebank 将 request 对象传递给谓词和响应注入函数，因此可以将基于请求的条件逻辑放在任意位置。与响应注入相比，谓词注入相对容易使用。如果需要基于动态条件返回静态响应，那么对自己的谓词进行编程并使用 is 响应将始终符合 mountebank 中谓词的意图。但是响应注入的作用要大得多，如果将条件逻辑移动到响应函数中，就可以利用状态或异步支持，这是正确的做法。

谓词注入函数只接受两个参数：

- request——特定于协议的请求对象(所有示例中的 HTTP)。
- logger——用于将调试信息写入 mountebank 日志。

响应注入函数包括这些参数，并增加了两个：

- state——可以向其添加状态的初始空对象；将传递给同一 imposter 的后续调用。
- callback——支持异步操作的回调函数。

响应函数总是可以选择同步返回响应对象。只有在使用非阻塞 I/O 并且需要异步返回响应对象时才需要回调。

6.3　注意：安全很重要

默认情况下，当启动 mountebank 时会禁用 JavaScript 注入，这是有原因的。启用注入后，mountebank 成为网络上任何人都可以访问的潜在远程执行引擎。当 mountebank 未经处理地运行时，攻击者可以利用这个事实在网络上做坏事，同时伪造你的身份(见图 6.10)。

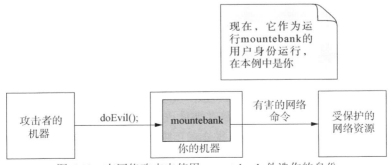

图 6.10　在网络攻击中使用 mountebank 伪造你的身份

注入是一个非常有用的功能，但是必须在理解安全含义的情况下使用它。这就是为什么每次使用--allowInjection 标志启动时，mountebank 都会在日志中显示警告消息的原因。你可以采取一些预防措施来保护自己。

第一个预防措施是不要在你的用户账户下运行 mb。以非特权用户身份启动 mountebank，理想情况下是在网络上没有域证书，这对保护你自己有很大的帮助。你应该始终使用能退出的最小权限用户，只有在测试需要时才添加网络访问。

下一层的安全性是限制哪些机器可以访问 mountebank Web 服务器。我们在本章中使用了--localOnly 标志，它对同一台机器上运行的进程限制访问。当测试与 mountebank 在同一台机器上运行时，这个选项是完美的，而且大多数时候它应该是默认的选择。当确实需要远程测试时(例如，在大量负载测试期间)，仍然可以使用--ipWhitelist 标志来限制哪些计算机可以访问 mountebank 的 Web 服务器，该标志捕获一组管道分隔的 IP 地址。例如：

```
mb --allowInjection --ipWhitelist "10.22.57.137|10.22.57.138"
```

在本例中，唯一允许访问 mountebank 的远程 IP 地址是 10.22.57.137 和 10.22.57.138。

6.4 调试提示

编写注入函数与编写任何代码一样，都具有相同的复杂性，但通过 IDE 调试它们要困难得多，因为它们在远程进程中运行。我经常回忆起我的大学时代，当在 C 中编码时，我们称之为 printf 调试。在 JavaScript 中，它看起来像这样：

```
function (request) {
  // Function definition...

  var rows = csvToObjects(request.body),
    humidities = rows.map(function (row) {
      return parseInt(row.Humidity.replace('%', ''));
    });
console.log(JSON.stringify(humidities));  ←  显示完整的
                                              对象结构

  return {};  ←  稍后我会解决
}               这个问题……
```

JavaScript 中的 console.log 函数将参数打印到正在运行的进程的标准输出中，在本例中，该输出为 mb。JSON.stringify 函数将对象转换为 JSON 字符串，支持检查完整的对象图。这段代码很不规范——我没有使用 console.log 函数，然后返

回了一个空对象作为响应，这依赖于标准的默认响应。如果你编写代码的时间超
过几秒钟，就很可能会识别出这个模式。在弄明白如何把你的意图传达给一台极
其精确的计算机之前，大多数代码开始时都很不规范。

为了在日志中更容易发现输出，mountebank 将另一个参数传递给谓词和响应
注入：日志记录程序本身。在典型的日志记录方式中，日志记录程序有四个功能：
debug、info、warn 和 error。debug 消息通常不会显示在控制台上(除非用--loglevel
debug 标志启动 mb)。要使调试消息突出显示，请使用 warn 或 error 函数，该函数
将使用不同的颜色将调试输出显示到控制台：

```
function (request, state, logger) {
// Function definition...

  var rows = csvToObjects(request.body),
    humidities = rows.map(function (row) {
      return parseInt(row.Humidity.replace('%', ''));
    });
                                              ← 以黄色文本形式
                                                打印到控制台
logger.warn(JSON.stringify(humidities));

  return {};
}
```

上面的代码显示了响应注入的日志记录。谓词注入也作为第二个参数传递到
logger 中。

6.5 本章小结

- 可以使用接受 request 对象的 JavaScript 函数创建自己的谓词，并返回一
  个表示谓词是否匹配的布尔值。
- 还可以使用 JavaScript 函数创建自己的响应，该函数接受请求对象并返回
  表示响应的对象。
- 如果需要记住请求之间的状态，mountebank 会将初始的空 state 对象传递
  给响应函数。在对象上设置的任何字段都将在调用之间保持不变。
- 因为 JavaScript 和 node.js 使用了非阻塞 I/O，所以需要访问进程外部数据
  的大多数响应函数都必须异步返回。可以将响应对象传递给 callback 参
  数，而不是返回对象。
- 注入功能强大，但它还创建了一个在你的机器上运行的远程执行引擎。
  若在启用注入功能的情况下运行 mountebank，应限制远程连接并使用非
  特权身份。

第 **7** 章

添 加 行 为

本章主要内容:
- 以编程方式对响应进行后处理
- 为响应添加延迟
- 多次重复响应
- 将输入从请求复制到响应中
- 从 CSV 文件中查找数据以连接响应

基本的 is 响应易于理解,但功能有限。proxy 响应提供高保真模拟,但每个保存的响应都代表了一个简要说明。响应注入提供了显著的灵活性,但具有高度的复杂性。有时,你希望 is 和 proxy 响应同时具有简单性和动态性,但没有 inject 的复杂性。

来自面向对象思想流派的软件工程师们使用修饰这个术语,意思是截取一个简单的消息,并在转发给接收者之前以某种方式对其进行扩充。这就像邮政服务在对你的信进行分类后,在信上加上邮戳时所做的那样。你发送的原始信件仍然完好无损,但邮政工作人员已对其进行了修饰,以便使用一些动态信息对其进行后处理。在 mountebank 中,行为是一种在 imposter 通过链路发送响应之前修饰响应的方法。

由于行为的灵活性和实用性,它也代表了 mountebank 本身发展最快的部分。我们将看到本文中所有可用的行为(表示 v1.13),但希望将来会有更多的行为。

7.1　理解行为

如果忽略了与网络和不同协议交互的复杂性,mountebank 只有三个核心概念:
- Predicates 帮助在传入时路由请求。

- Responses 在退出时生成响应。
- Behaviors 在将响应通过网络传送之前对其进行后处理(见图 7.1)。

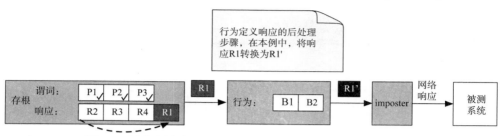

图 7.1   行为在通过 imposter 传出之前可以转换来自存根的响应

虽然你可以随意使用带有 inject 响应的行为,但是大多数行为都可以减少使用 JavaScript 来处理响应过程中具有的固有复杂性。行为能够避免 inject 响应的复杂性,有利于更简单的 is 响应,同时仍然能够为响应提供适当的动态性。

行为与存根定义中的响应类型并列使用,如代码清单 7.1 所示。可以将多个行为组合在一起,但每种类型只能有一个。任何行为都不应依赖于其他行为的执行顺序。这是一个可随时更改的实现细节,恕不另行通知。

代码清单 7.1   向存根定义添加行为

```
{
  "responses": [{
    "is": { "statusCode": 500 },
    "_behaviors": {
      "decorate": ...,
      "wait": ...
    }
  }]
}
```

见第 7.2 节 → "decorate": ...,
见第 7.3 节 → "wait": ...

is 响应上的所有后处理步骤

在本例中,is 响应首先将 500 状态代码合并为默认响应,然后将生成的响应对象传递给 decorate 和 wait 行为。每个行为都将以一种特定的方式对响应进行后处理,稍后我们将看到这一点。

有些行为仍然依赖于对后处理的编程控制,这要求在启动 mb 时设置 --allowInjection 标志。这与我们在上一章中讨论的所有安全考虑都是一样的。接下来我们来看看这些行为。

7.2   修饰一个响应

行为工具箱中的 bluntest 工具是 decorate 和 shellTransform 行为,它们接受响

应对象作为输入，并以某种方式对其进行转换，发送一个新的响应对象作为输出(见图 7.2)。

它们与响应注入非常相似，只是提供了更集中的注入(在修饰的情况下)，或者更灵活(shellTransform)。

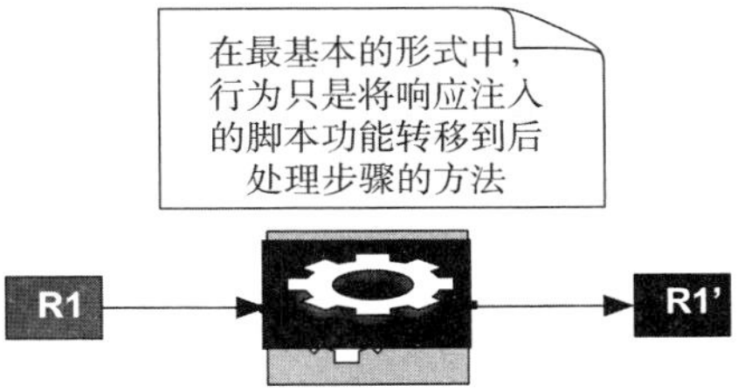

图 7.2 中的方框内文字：在最基本的形式中，行为只是将响应注入的脚本功能转移到后处理步骤的方法

R1 → R1'

图 7.2　修饰允许对响应进行后处理

7.2.1　使用 decorate 函数

没有行为的情况下，如果只有一个响应字段是动态的，那么就必须使用 inject 响应。例如，假设要返回以下响应正文：

```
{
  "timestamp": "2017-07-22T14:49:21.485Z",
  "givenName": "Stubby",
  "surname": "McStubble",
  "birthDate": "1980-01-01"
}
```

可以在一个 is 响应中捕获这一正文，将 body 字段设置为 JSON，但这是在假定过时的时间戳与手头的测试用例无关的情况下。这并不总是一个正确的假设。但是，将其转换为 inject 响应会隐藏真实意图，如代码清单 7.2 所示。

代码清单 7.2　使用 inject 响应发送动态时间戳

```
{
  "responses": [{
    "inject": "function () { return { body: { timestamp: new Date(),
➡ givenName: 'Stubby', surname: 'McStubble', birthDate:
➡ '1980-01-01' } } }"
  }]
}
```

为了理解响应正在做什么，必须提取 JavaScript 函数并进行研究。将它与绑定了 decorate 响应的 is 响应相比较，后者通过网络发送相同的 JSON，而不会进行复杂的转换，如代码清单 7.3 所示[1]。

代码清单 7.3　将 is 响应与 decorate 行为结合在一起

```
{
  "responses": [{
```

---

[1]　和往常一样，你可以在 https://github.com/bbyars/mountebank-in-action 上找到这本书的源代码。

```
  "is": {
    "body": {
      "givenName": "Stubby",
      "surname": "McStubble",          返回这个……
      "birthDate": "1980-01-01"
    }
  },
  "_behaviors": {
    "decorate": "function (request, response, logger) {    ……但添加当
➡  response.body.timestamp = new Date(); }"                  前时间戳
    }
  }]
}
```

如前所述，这就像邮局在你的信封上加了一个邮戳。你为核心内容提供了一个 is 响应，decorate 行为将当前时间戳添加到消息中。终端响应与 inject 方法相同，但将响应的静态部分与动态部分分离通常会使代码更易于维护。

decorate 函数在功能上不如完整的 inject 响应。行为不能访问任何用户控制的状态，例如响应注入。它们不允许异步响应，如第 6 章所述，异步响应删除了大量的 JavaScript I/O 操作。也就是说，decorate 行为允许大多数响应消息在静态 is 响应中可见，这简化了测试数据的维护。

7.2.2   为保存的代理响应添加修饰

行为对于它们所适用的响应类型是不可知的，这意味着也可以修饰 proxy 响应。但默认情况下，修饰只适用于 proxy 响应本身，而不适用于它保存的 is 响应，如图 7.3 所示。

可以向保存的 is 响应添加一些行为，包括 decorate，必须使用 decorate 行为配置代理。我们将使用一个比更新时间戳更复杂的示例来演示代理和修饰是如何协同工作的。

大多数工业 API 都包含某种速率限制以防止拒绝服务。Twitter API 代表一种标准方法，其中 Twitter 在响应中返回一个 x-rate-limit-remaining 头，让用户知道 API 用户在某个时间段内还剩多少请求。一旦这些请求被占用，Twitter 将发送一个 429 HTTP 状态代码(请求太多)，直到时间段结束[2]。

有时，你可能希望在通过工作流触发速率限制错误时测试消费者的响应。一种选择是将所有请求代理到下游速率受限的服务(使用第 5 章中描述的 proxyAlways 模式)。但是，通过代理实际流量来捕获速率受限的场景可能很困难。另一种选择是捕获第一个响应，并使用 decoration 在几个请求之后触发速率限制

---

[2]   你可以在 https://dev.twitter.com/rest/public/rate-limiting 上阅读完整的详细信息。

错误(见图 7.4)。

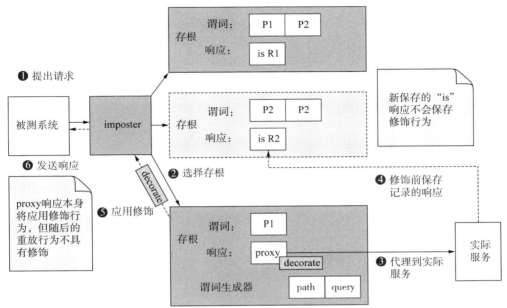

图 7.3 应用于代理的行为不会转移到已保存的响应

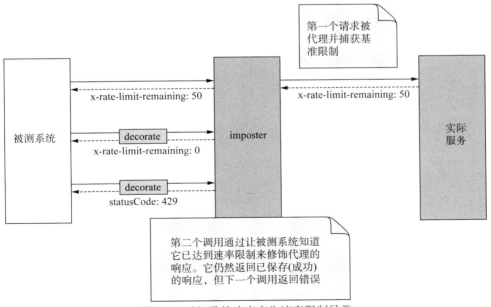

图 7.4 对记录的响应产生速率限制异常

设置此方案要求你代理到下游服务器以保存响应，但需要在保存的响应上添加 decorate 行为，如代码清单 7.4 所示。原始代理响应将是未修饰的，返回从下游服务捕获的响应。

代码清单 7.4   向记录的响应添加 decorate 行为

```
{
  "responses": [{
    "proxy": {
      "to": "http://downstream-service.com",        ← 下游服务
      "mode": "proxyOnce",                               的基 URL
      "addDecorateBehavior": "..."                   ← 只捕获第
    }                                                   一个响应
  }]              在记录的响应中添加一个修饰符(更
}                 多内容请参见代码清单 7.5)
```

decorator 函数可以访问已保存的响应,并且可以更改 x-rate-limit-remaining 头,或者根据测试用例的需要返回错误。在代码清单 7.5 中,将一次减少 25 个请求头以加速产生速率限制错误,但可以根据测试场景调整该值。由于 decorator 函数不具有与 inject 响应相同的保存状态的能力,因此必须使用文件来存储 x-rate-limit-remaining 头发送的最后一个值,如代码清单 7.5 所示。

代码清单 7.5   decorator 函数加速速率限制异常

```
function (request, response) {               用于文件系统访
  var fs = require('fs'),                     问的节点模块
    currentValue = parseInt(                              获取记录的
      response.headers['x-rate-limit-remaining']),       响应中的值
    decrement = 25;

  if (fs.existsSync('rate-limit.txt')) {
    currentValue = parseInt(                    获取保存的值
      fs.readFileSync('rate-limit.txt'));
  }

  if (currentValue <= 0) {
    response.statusCode = 429;
    response.body = {
      errors: [{
        code: 88,
        message: 'Rate limit exceeded'         发送 error 响应
      }]
    };
    response.headers['x-rate-limit-remaining'] = 0;
  }
  else {
    fs.writeFileSync('rate-limit.txt',
      currentValue - decrement);               保存下一个值
```

```
response.headers['x-rate-limit-remaining'] =
    currentValue - decrement;
}
}
```

更新标题

非阻塞 I/O 发生了什么?

在第 6 章中，我描述了 JavaScript 和 Node.js 如何使用非阻塞 I/O，这需要为响应注入添加异步支持。这仍然是正确的，但是 Node.js 为常见的文件系统操作添加了少量的阻塞和同步调用。注意代码清单 7.5 中使用的函数名是如何同步结束的(fs.existsSync、fs.readFileSync 和 fs.writeFileSync)。这些是标准非阻塞 I/O 模型之外的特殊便利功能。据我所知，对于必须遍历网络的 I/O 来说，不存在这样的方便功能。

你需要使用文件系统来保存状态，因为修饰程序不能直接保存状态，并且需要使用 Sync 函数，因为修饰程序不支持异步操作。如第 6 章所述，响应注入支持这两种方法。mountebank 的未来版本也可能在修饰程序中支持它们。下一个行为 shellTransform 不受这些限制。

7.2.3 通过 shellTransform 添加中间件

下一个行为最常用，功能也最强大，而且这两个方面都增加了复杂性。和 decorate 一样，shellTransform 允许对响应进行程序化后处理。但它不需要使用 JavaScript，并支持将一系列后处理转换链接在一起(见图 7.5)。

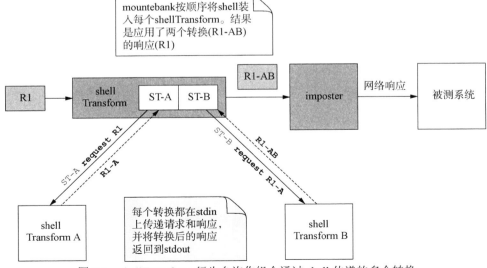

图 7.5 shellTransform 行为允许你组合通过 shell 传递的多个转换

为了了解它是如何工作的，采用你已经看到的两个转换(添加时间戳并触发速率限制异常)，并将它们转换为 shellTransform 行为。将每个转换实现为一个命令行应用程序，它接受 JSON 编码的请求和 JSON 编码的响应作为标准输入中传入的参数，并返回标准输出中经过转换的 JSON 编码的响应。首先连接 imposter 配置，如代码清单 7.6 所示。

代码清单 7.6　shellTransform 的 imposter 配置

```
{
  "responses": [{
    "is": {
      "headers": {
        "x-rate-limit-remaining": 3          用 applyRateLimit.rb 转换
      },
      "body": {
        "givenName": "Stubby",
        "surname": "McStubble",               用 addTimestamp.rb 转换
        "birthDate": "1980-01-01"
      }
    },
    "_behaviors": {
      "shellTransform": [
        "ruby scripts/applyRateLimit.rb",      这将首先执行
        "ruby scripts/addTimestamp.rb"         然后将在转换后的
      ]                                         响应上执行
    }
  }]
}
```

在本例中，你已经选择通过 Ruby 脚本来传输转换，但可以使用任何语言。applyRateLimit.rb 中的代码是代码清单 7.5 中代码的一个简单的 Ruby 转换。mountebank 在标准输入——请求和响应上传递两个参数。这里只需要响应，如代码清单 7.7 所示。

代码清单 7.7　转换响应以触发速率限制错误的 Ruby 脚本

```
require 'json'                          为 JSON 处理导
                                        入的 Ruby 模块
response = JSON.parse(ARGV[1])          第二个命令行参数是
headers = response['headers']          当前的 JSON 响应
current_value = headers['x-rate-limit-remaining'].to_i

if File.exists?('rate-limit.txt')
  current_value = File.read('rate-limit.txt').to_i
end
```

```
if current_value <= 0
  response['statusCode'] = 429
  response['body'] = {
    'errors' => [{
      'code' => 88, 'message' => 'Rate limit exceeded'
    }]
  }
  response['headers']['x-rate-limit-remaining'] = 0
else
  File.write('rate-limit.txt', current_value - 25)
  headers['x-rate-limit-remaining'] = current_value - 25
end

puts response.to_json ←────  打印对 stdout
                             的转换响应
```

从 JavaScript 代码到 Ruby 代码(主要是不同的哈希语法)的一些语法变化是显而易见的，它们使用一些不同的函数(to_i 而不是 parseInt)，但大多数代码看起来像 Ruby 修饰程序。关键区别在于输入(从命令行分析响应)和输出(打印对 stdout 的转换响应)。在代码清单 7.8 中，可以对 addTimestamp.rb 执行相同的操作。

代码清单 7.8　Ruby 脚本用于向响应 JSON 添加时间戳

```
require 'json'

response = JSON.parse(ARGV[1])
response['body']['timestamp'] = Time.now.getutc
puts response.to_json
```

通过将转换链接在一起，shellTransform 可以作为向响应处理中添加转换管道的一种方式，并支持所需要的复杂性。我的标准建议仍然适用：当你绝对需要它的时候拥有这样的能力是很好的，但是尽量不需要它。

7.3　为响应添加延迟

我们将看到的下一个行为非常简单，不需要设置--allowInjection 命令行标志。有时，需要模拟响应中的延迟，而 wait 行为告诉 mountebank 在返回响应之前先暂停。通过数毫秒的休眠来将它传递，如代码清单 7.9 所示。

与 decorate 行为类似，可以将 wait 行为添加到代理生成的已保存响应中。在代理中将 addWaitBehavior 设置为 true 时，mountebank 根据实际下游调用所花费的时间自动填充生成的 wait 行为。我将在第 10 章中演示如何使用它创建健壮的性能测试。

代码清单 7.9 使用 wait 行为添加延迟

```
{
  "is": {
    "body": {
      "name": "Sleepy"
    }
  },
  "_behaviors": {        ┐ 添加 3 秒
    "wait": 3000  ◀──────┘ 的延迟
  }
}
```

7.4 多次重复响应

有时，在转到下一个响应之前，需要多次发送相同的响应。可以在 responses 数组中多次复制相同的响应，但软件社区通常不赞成这种做法，因为它会破坏可维护性。这是一个非常重要的概念，它甚至有自己的缩写：DRY(Don't Repeat Yourself)。

repeat 行为允许计算机进行重复(见图 7.6)。它接受你想要重复响应的次数，并且 mountebank 支持这种做法。

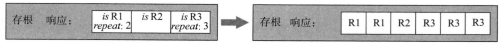

图 7.6 多次重复响应

一个常见的用例涉及在一组正确路径响应之后触发一个错误响应。在本书中我已经使用过几次的一个例子涉及查询库存服务。在第 3 章和第 4 章中，我说明了如何使用响应列表来显示随着时间推移而耗尽的产品库存[3]：

```
{
  "responses": [
    { "is": { "body": "54" } },
    { "is": { "body": "21" } },
    { "is": { "body": "0" } }
  ]
}
```

大多数测试案例不需要这种特殊性。在过于简单化的术语中，库存服务的消费者只关心两个场景：

---

[3] 正如我们之前所做的，我们将返回一个过于简单化的主体，只关注示例的要点。

- 库存大于零(或大于等于正在订购的数量)。
- 库存为零(或小于订购数量)。

进一步简化,对于这个测试用例来说,唯一重要的两个场景是:

- 正确路径
- 缺货错误

唯一稍微复杂的因素是,在返回缺货错误之前,可能需要返回一些正确的路径响应。只需要两个响应和一个 repeat 行为就可以做到这一点,如代码清单 7.10 所示。

代码清单 7.10　使用 repeat 行为在小部分成功后返回错误

```
{
  "responses": [
    {
      "is": { "body": "9999" },          ← 返回正确
      "_behaviors": { "repeat": 3 }        路径……
    },                                    ← ……3 次
    {
      "is": { "body": "0" }    ← 然后返回
    }                              错误路径
  ]
}
```

测试用例构建

在本书中,我们已经研究了一些高级的 mountebank 功能。有时,这些功能对于解决复杂的测试问题是必不可少的。但是,你可以将大多数测试用例简化为测试少量核心功能,并且消除测试数据设置中的冗余有助于保持对核心功能的关注。我们刚才看到的 repeat 示例展示了简化测试用例的思想过程如何对你的测试数据管理具有额外好处。

7.5　替换响应中的内容

你始终可以通过 inject 响应,或通过 decorate 和 shellTransform 行为向响应添加动态数据。但是,另外两个行为支持在响应中插入某些类型的动态数据,而不产生编程控制的开销。

7.5.1　将请求数据复制到响应

copy 行为允许你捕获请求的某些部分并将其插入响应中。假设测试中的系统依赖于一个服务,该服务将来自请求 URL 的账户 ID 映射到响应正文中,这样(例

如)当你向/accounts/8731 发送 GET 请求时，会得到一个映射该 ID 的响应，并且在我参与的各种在线论坛中，该响应与我的账户配置文件类似：

```
{
  "id": "8731",
  "name": "Brandon Byars",            ←————  这必须与路径
  "description": "Devilishly handsome",        中的 ID 匹配
  "height": "Lots of it",
  "relationshipStatus": "Available upon request"
}
```

这一响应有两个核心内容：

- id，必须与请求 URL 上提供的 id 匹配
- 方案所需的测试数据

标准的 is 响应支持管理特定场景的测试数据，copy 行为允许你从请求中插入 id。将 id 从请求复制到响应需要在响应中保留一个可以替换的接口，并且只能从请求中选择所需的数据。第一部分更简单——可以将选择的任何令牌添加到响应中，如代码清单 7.11 所示。

代码清单 7.11　在响应中指定要替换为请求中的值的令牌

```
{
  "is": {
    "body": {                   copy 行为将占
      "id": "$ID",    ←————  位符替换为值
      "name": "Brandon Byars",
      "description": "Devilishly handsome",
      "height": "Lots of it",
      "relationshipStatus": "Available upon request"
    }
  }
}
```

copy 行为的第一部分必须指定要复制的请求字段和要替换的响应令牌：

```
{
  "from": "path",
  "into": "$ID",
  ...
}
```

唯一需要填写的部分是选择 id 的部分。copy 行为(以及 lookup 行为，我们将在下一节中介绍)使用了第 4 章中介绍的一些相同的谓词匹配功能，特别是正则表达式、XPath 和 JSONPath。回想一下，每个谓词对请求字段应用匹配操作。谓词告诉你匹配是否成功，而 copy 和 lookup 行为能够在匹配的请求字段中获取特定

的文本。

对于这个例子，正则表达式可以做到这一点。需要在请求 path 的末尾捕获一个数字串。可以使用我们在第 4 章中看到的一些 regex 原语进行选择：

- \d——一个数字，0–9(你必须在 JSON 中双重转义反斜杠)
- +——一次或多次
- $——字符串的结尾

把它们放在一起，存根看起来如代码清单 7.12 所示。

代码清单 7.12　使用 copy 行为将 URL 中的 ID 插入响应正文

```
{
  "responses": [{
    "is": {
      "body": {
        "id": "$ID",              ← 要替换
        "name": "Brandon Byars",      的令牌
        "description": "Devilishly handsome",
        "height": "Lots of it",
        "relationshipStatus": "Available upon request"
      }
    },
    "_behaviors": {        ← 一个允许多次
      "copy": [{              替换的数组           要从中复制的
        "from": "path",                          请求字段
        "into": "$ID",    ← 要替换的令牌
        "using": {
          "method": "regex",          要对请求路径执
          "selector": "\\d+$"         行的选择条件
        }
      }]
    }
  }]
}
```

这种行为还有很多，但在继续之前，我应该指出一些你可能已经注意到的方面。首先，copy 行为接受一个数组，这意味着可以在响应中进行多个替换。每个替换应该使用不同的令牌，并且每个令牌可以从请求的不同部分进行选择。

另一个需要注意的是，永远不需要指定令牌在响应中的位置，这是由设计决定的。可以将令牌放在 headers 中，甚至 status-Code 中，mountebank 将替换它。如果令牌被多次列出，不管每个实例在响应中的位置如何，mountebank 都将进行替换。

1. 使用分组匹配

前一个例子假设你可以定义一个正则表达式，它完全匹配需要获取的值，而不是其他值。这是一个很弱的假设。

许多服务使用某种形式的全局唯一标识符(GUID)作为 id，并且 path 通常扩展到包含该 id 之外的部分。例如，path 可能是/accounts/5ea4d2b5/profile，其中"5ea4d2b5"是需要复制的 id。不能再依赖\\d+作为选择程序，因为 id 包含多个数字。当然可以依靠其他机制来匹配——例如，通过识别路径中单词"accounts"后面的 id：

```
accounts/\\w+
```

该选择程序使用"\w"正则表达式元字符来捕获 word 字符(字母和数字)，并添加"+"以确保捕获其中一个或多个字符。然后在"accounts/"前面加上前缀，以确保获取了路径的正确部分。使用该表达式，可以成功获取 id。但是，还获取了"accounts/"文本字符串，被替换的 body 将如下所示：

```
{
  "id": "accounts/5ea4d2b5",
  ...
}
```

正则表达式支持分组匹配，以便只从匹配中获取所需的数据。每个正则表达式都有一个默认的第一组，它是整体匹配的。每次用圆括号括住部分选择程序时，都会描述另一个组。调整选择程序以便在 path 的 id 部分周围添加一个组，同时保留文本字符串"accounts/"，以确保获取 path 的正确部分：

```
accounts/(\\w+)
```

当你将此正则表达式与字符串"/accounts/5ea4d2b5/profile"匹配时，会得到一个匹配组的数组，它看起来如下所示：

```
[
  "accounts/5ea4d2b5",
  "5ea4d2b5"
]
```

第一组是整体匹配，第二组是首个附加组。如果在响应中放置了一个未加修饰的令牌，如前一节所做的那样，mountebank 将用数组的第一个索引替换它，该索引对应于整个匹配。但是，可以向匹配组数组的索引对应的令牌添加索引，如代码清单 7.13 所示，它允许你精确定位想要复制的那部分路径。

在响应中始终可以使用索引令牌。假设指定了一个$ID 的令牌，如在代码清单 7.13 中所做的那样，那么在响应中输入$ID 等同于输入$ID[0]。我怀疑正则表达式的重要性，因为大多数实际的用例都必须使用组来获取它们想要的确定值。

对于 copy 行为支持的其他选择方法：XPath 和 JSONPath 来说，这不一定是正确的。

代码清单 7.13　使用分组匹配来复制部分请求路径

```
{
  "is": {
    "body": {
      "id": "$ID[1]",        ◄─── 指定响应令牌
      ...                          中的索引
    }
  },
  "_behaviors": {
    "copy": [{
      "from": "path",
      "into": "$ID",          ◄─── 指定行为中
      "using": {                   的基令牌
        "method": "regex",
        "selector": "accounts/(\\w+)"    ◄─── 使用分组匹配
      }                                        以提高精度
    }]
  }
}
```

2. 使用 XPath 选择程序

虽然正则表达式很好地支持了从任何请求字段中获取值，但 XPath 和 JSONPath 选择程序对于匹配传入请求正文中的值来说非常有用。如第 4 章所述，它们与 XPath 和 JSONPath 谓词的工作方式类似。关键区别在于谓词 XPath 和 JSONPath 选择程序与匹配运算符(如 equals)一起使用，来测试请求是否匹配，而使用这些带有行为的选择程序有助于获取请求中的匹配文本以更改响应。

从被测系统获取以下请求正文，它表示了账户的列表：

```
<accounts xmlns="https://www.example.com/accounts">
  <account id="d0a7b1b8" />
  <account id="5ea4d2b5" />
  <account id="774d4feb" />
</accounts>
```

虚拟响应需要映射请求中第二个账户的详细信息。这些细节是特定于你的测试场景的，但是 ID 必须与请求主体中发送的内容相匹配。可以使用 XPath 选择程序获取第二个 account 属性的 id 属性，如代码清单 7.14 所示。

代码清单 7.14　使用 XPath 选择程序将值从请求复制到响应

```
{
  "responses": [{
```

```
        "is": {
          "body": "<account><id>$ID</id>...</account>"  ←――  令牌化响
        },                                                     应正文
        "_behaviors": {
          "copy": [{
            "from": "body",              在复制行为
            "into": "$ID",   ←――         中定义令牌
            "using": {
              "method": "xpath",
              "selector": "//a:account[2]/@id",
              "ns": {                                     从 XML 请求
                "a": "https://www.example.com/accounts"   正文中选择值
              }
            }
          }]
        }
      }]
    }
```

XPath 选择程序和名称空间与 XPath 谓词(第 4 章)和谓词生成器(第 5 章)的工作方式相同。正如你在谓词中看到的，mountebank 还支持 JSONPath。我们将很快看到一个具有 lookup 行为的示例。

3. 虚拟化 CORS preflight 响应

跨源资源共享(CORS)是一种标准，允许浏览器进行跨域请求。在过去，浏览器只会对宿主网页所在的域执行 JavaScript 调用。这个同源策略是浏览器安全的基础，因为它有助于防止大量恶意的 JavaScript 注入攻击。但是，随着网站变得更加动态，并需要从分布在多个域的不同资源中提取行为，这也被证明是过于严格的。有创意的开发人员发现有创意的黑客绕过了同源策略，比如 JSONP，它在 HTML 文档中操作 script 元素，并将 JavaScript 从不同的域传入到已经定义的回调函数中。JSONP 令人费解且难以理解，因为它围绕着浏览器的内置安全机制工作。

CORS 标准改进了浏览器的安全模型，允许浏览器和服务器同时权衡跨域请求是否有效。该标准要求对某些类型的跨域请求进行 preflight 请求，以确定请求是否有效。preflight 请求是一个 HTTP OPTIONS 调用，它带有一些特殊的头，在创建虚拟服务时，这些头通常会使测试人员犯错[4](见图 7.7)。

浏览器被设置为对某些类型的跨源请求自动发送这些 preflight 请求。如果你希望虚拟化跨源服务以便测试浏览器应用程序，那么虚拟服务需要知道如何响应 preflight 请求，使浏览器能够发出实际的跨源请求(例如，图 7.7 中对 POST/resource 的调用)。将请求头中的 Origin 头部值复制到响应头中，如代码清单 7.15 所示，这是使用 copy 行为的一个很好的例子，并演示了对 HTTP 正文以外的内容进行标记。

---

[4]　mountebank 的未来版本可能会使虚拟化 CORS preflight 请求变得更容易。

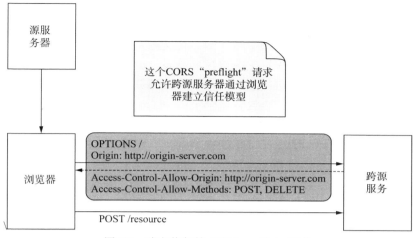

图 7.7　建立信任的 CORS preflight 请求

代码清单 7.15　虚拟化 CORS preflight 请求

```
{
  "predicates": [{
    "equals": { "method": "OPTIONS" }          查找 preflight
  }],                                           请求签名
  "responses": [{
    "is": {
      "headers": {                              令牌化
        "Access-Control-Allow-Origin": "${ORIGIN}",   响应头
        "Access-Control-Allow-Methods": "PUT, DELETE"
      }
    },
    "_behaviors": {
      "copy": [{                                在请求 Origin 头
        "from": { "headers": "Origin" },        中查找
        "into": "${ORIGIN}",
        "using": { "method": "regex", "selector": ".+" }   ……具有整个
      }]                                                    请求头值
    }
  }]
}
替换响应头令牌……
```

正则表达式 " • + " 表示 "一个或多个字符"，并有效地捕获整个请求头。因为不需要使用分组匹配，所以可以在响应中使用不带数组索引的令牌。你可以对 CORS 配置做更多的工作，但是 copy 方法可以创建灵活的虚拟服务，该服务以一种使客户端能够发出后续请求的方式反映客户端的请求。

7.5.2　从外部数据源查找数据

服务虚拟化对于测试错误流非常有用，在实际系统中，错误流通常很难按需重现，但只要它在实时系统中发生的次数足够多，仍然需要对其进行测试。

挑战在于创建一组能以可见和可维护的方式捕获所有错误流的测试数据。例如，考虑创建。使用谓词，可以设置一个虚拟 account 服务，它会根据你试图创建的账户名称用不同的错误条件进行响应。假设需要测试的第一个错误流是当账户已经存在时会出现什么情况。以下配置将确保当名称为"Kip Brady"时，假定该名称作为 JSON name 字段在请求中传入，虚拟服务会为重复用户返回一个错误。

```
{
  "stubs": [{
    "predicates": [{
      "equals": { "body": "Kip Brady" },
      "jsonpath": { "selector": "$..name" }
    }],
    "responses": [{
      "is": {
        "statusCode": 400,
        "body": {
          "errors": [{
            "code": "duplicateEntry",
            "message": "User already exists"
          }]
        }
      }
    }]
  }]
}
```

如果"Mary Reynolds"代表的用户太年轻而无法注册，可以使用相同的 JSONPath 选择程序来查找不同的值：

```
{
  "stubs": [
    {
      "predicates": [{
        "equals": { "body": "Kip Brady" },
        "jsonpath": { "selector": "$..name" }
      }],
      "responses": [{
        "is": {
          "statusCode": 400,
          "body": {
            "errors": [{
```

```
          "code": "duplicateEntry",
          "message": "User already exists"
        }]
      }
    }
  }]
},
{
  "predicates": [{
    "equals": { "body": "Mary Reynolds" },
    "jsonpath": { "selector": "$..name" }
  }],
  "responses": [{
    "is": {
      "statusCode": 400,
      "body": {
        "errors": [{
          "code": "tooYoung",
          "message": "You must be 18 years old to register"
        }]
      }
    }
  }]
}
  ]
}
```

"Tom Larsen"可以表示500个服务器错误,"Harry Smith"可以表示过载的服务器。两者都需要新的存根。

这显然是管理测试数据的不可持续方法。JSONPath选择程序在所有存根中都是相同的,JSON主体的结构也是相同的。你希望能够将测试数据集中到一个CSV文件中,如代码清单7.16所示。

代码清单 7.16　在 CSV 文件中集中错误条件

```
name,statusCode,errorCode,errorMessage
Tom Larsen,500,serverError,An unexpected error occurred
Kip Brady,400,duplicateEntry,User already exists
Mary Reynolds,400,tooYoung,You must be 18 years old to register
Harry Smith,503,serverBusy,Server currently unavailable
```

lookup行为和copy行为类似,它允许你这样做。并且,它使用动态数据替换响应中的令牌。关键区别在于动态数据的来源。对于copy行为,它是请求。对于lookup行为,它是一个外部数据源。在撰写本文时,mountebank唯一支持的数据源是一个CSV文件(见图7.8)。当你读到这篇文章的时候,这很可能会改变。

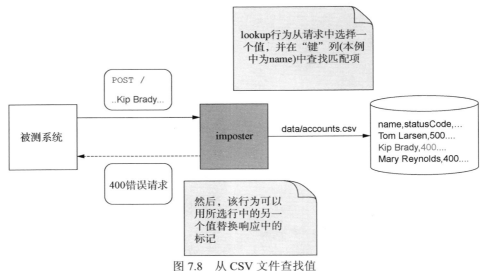

图 7.8　从 CSV 文件查找值

在我们了解如何进行替换之前，先看看查找操作本身。如图 7.8 所示，成功的查找需要三个值：

- 从请求中选择的密钥(Kip Brady)
- 与外部数据源(data/accounts.csv)的连接
- 外部数据源(名称)中的键列

这三个值足以捕获可在替换中使用的一行值。用一种与 copy 行为非常相似的方式来表示它们，如代码清单 7.17 所示。

代码清单 7.17　使用 lookup 行为检索外部测试数据

```
{
  "responses": [{
    "is": { ... },         ← 我们再来讨
      "_behaviors": {          论这个问题
        "lookup": [{
          "key": {
            "from": "body",
            "using": {               从请求中
              "method": "jsonpath",   选择值
              "selector": "$..name"
            }
          },
          "fromDataSource": {         数据源类型
            "csv": {
  CSV 文件     "path": "examples/accounts.csv",
  的路径        "keyColumn": "name"     ← 与请求值匹
                                         配的列名
```

```
        }
      },
      "into": "${row}"  ◀──────┐
    }]                         响应令牌名称
  }
}]
}
```

lookup 行为的关键部分与我们之前看到的 copy 行为类似。它允许使用 regex、xpath 或 jsonpath 选择程序来在请求字段中查找并获取值。可以添加 index 字段以使用分组的正则表达式匹配。

into 字段也与你在 copy 中看到的相同。这里使用了 ${row} 作为令牌名称。它可以是你喜欢的任何东西。至于 mountebank，它是一个字符串。这是你在 fromDataSource 字段中看到的内容。对于 CSV 数据源，可以指定文件的路径(相对于正在运行的 mb 进程)和键列的名称。

如果将“Kip Brady”作为 name 传入，那么令牌(${row})将与 CSV 文件中的整行值匹配。在 JSON 格式中，它将如下所示：

```
{
  "name": "Kip Brady",
  "statusCode": "400",
  "errorCode": "duplicateEntry",
  "errorMessage": "User already exists"
}
```

这突出显示了 copy 和 lookup 之间的第二个区别：使用 lookup 行为，令牌表示整行值，这意味着每个替换都必须使用列名进行索引。让我们看看示例中的 is 响应，它标记了以前必须复制到多个存根中的响应，如代码清单 7.18 所示。

代码清单 7.18　使用令牌为所有错误条件创建单个响应

```
{
  "is": {
    "statusCode": "${row}['statusCode']",  ◀─────┐
    "body": {                                      在你查找的行中
      "errors": [{                                 查找适当的字段
        "code": "${row}['errorCode']",   ◀─────────┤
        "message": "${row}['errorMessage']"  ◀─────┘
      }]
    }
  },
  "_behaviors": {
    "lookup": [{ ... }]  ◀──┐ 请参见代码
  s}                        │ 清单 7.17
}
```

lookup 行为将令牌视为可以按列名键入的 JSON 对象。这允许你检索 lookup 行为中的整行数据，并使用行中的字段填充响应。

7.6　完整的行为列表

作为参考，表 7.1 提供了 mountebank 支持的完整行为列表，包括它们是否能够影响已保存的代理响应，以及它们是否需要--allowInjection 命令行标志。

表 7.1　mountebank 支持的所有行为

行为	是否处理保存的代理响应	是否需要注入支持	描述
decorate	是	是	使用 JavaScript 函数后处理响应
shellTransform	否	是	通过命令行管道发送响应以进行后处理
wait	是	否	为响应添加延迟
repeat	否	否	多次重复响应
copy	否	否	将请求中的值复制到响应中
lookup	否	否	将响应中的数据替换为基于请求中的键的外部数据源中的数据

行为是对 mountebank 的有力补充，在本章中我们介绍了很多内容。我们将在第 8 章讨论协议时来完善 mountebank 的核心功能。

7.7　本章小结

- decorate 和 shellTransform 行为类似于响应注入，因为它们允许响应的程序化转换。但它们采用后处理转换，shellTransform 允许多个转换。
- wait 行为支持通过传递毫秒数来延迟响应，从而为响应添加延迟。
- repeat 行为支持多次发送相同的响应。
- copy 行为接受一个配置数组，每个配置从请求中选择一个值，并用该值替换响应令牌。可以使用正则表达式、JSONPath 和 XPath 来选择请求值。
- lookup 行为还接受一个配置数组，每个配置使用正则表达式、JSONPath 和 XPath 基于从请求中选择的值来从外部数据源中查找一行数据。响应中的令牌按字段名进行索引。

第 *8* 章

协　　议

本章主要内容：
- 协议在 mountebank 中的工作方式
- 深入了解 TCP 协议
- 如何存根基于文本的定制 TCP 协议
- 如何存根二进制.NET Remoting 服务

让我们现实一点：假装它只会让你了解这么多。在某种程度上，即使是最好的虚拟服务也必须在链路上传输一些真实的数据。

到目前为止，我们研究的功能——响应、谓词和行为——主要是存根和模拟工具的领域。这些存根和模拟工具能够在进程中创建测试替身，允许你通过系统地操作依赖项来进行集中测试。响应对应于存根函数返回的内容，而谓词的存在会根据函数的调用方式提供不同的结果(例如，基于请求参数返回不同的结果)。我不知道任何进程中的模拟工具本身都有行为的概念，但是实际情况就是这样。行为就是对结果的转换。

但是，有一件事是虚拟服务做的，而传统的存根没有：它们通过网络响应。到目前为止，所有的响应都是 HTTP，但是 mountebank 支持其他的响应方式。企业集成通常很混乱，有时需要虚拟化非 HTTP 服务。无论你有自定义的远程过程调用，还是作为堆栈一部分的邮件服务器，服务虚拟化都会有所帮助。现在，终于可以探索 mountebank 支持的网络协议。

8.1　协议在 mountebank 中的工作方式

协议是 mountebank 中的重要组成部分。该协议的核心作用是将传入的网络请求转换为 JSON 表示，以供谓词操作，并将 JSON mountebank 响应结构转换为被测系统预期的链路格式(见图 8.1)。

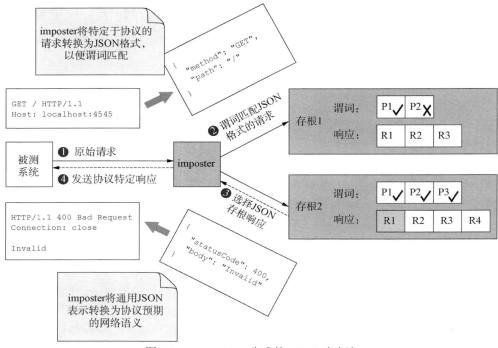

图 8.1　mountebank 生成的 HTTP 响应流

到目前为止，我们所看到的所有 mountebank imposter 都是功能齐全的 HTTP 服务器，它们在网络上传输的位符合 HTTP 协议。这是一个秘密的举动，允许你在不做任何更改的情况下将测试中的系统重新编译为 mountebank：它发送一个 HTTP 请求并返回一个 HTTP 响应。它不需要知道 imposter 通过使用一组秘密的存根来将请求与谓词匹配，形成一个 JSON 响应，然后用行为对其进行后处理，从而形成了响应。所有被测系统都关心的是 mountebank 接受一个 HTTP 请求，并在网络中返回一系列类似于 HTTP 响应的位。

mountebank 的多协议只出现在开放源码服务虚拟化中。概念的清晰分离支持存根功能，而不管你的被测系统期望使用什么协议。我们将在古老的远程过程调用(RPC)协议的上下文中探讨这一点，但是在探讨之前，让我们先从网络通信的基础构建块开始。

8.2 TCP 入门

mountebank 支持 TCP 协议，但 TCP 与 HTTP/HTTPS 不在平等的基础上。更准确地说，mountebank 支持一系列基于 TCP 的自定义应用程序协议。大多数概念性的网络模型都以层的形式显示协议，并且需要一整套协议才能构建复杂的互联网，如图 8.2 所示。

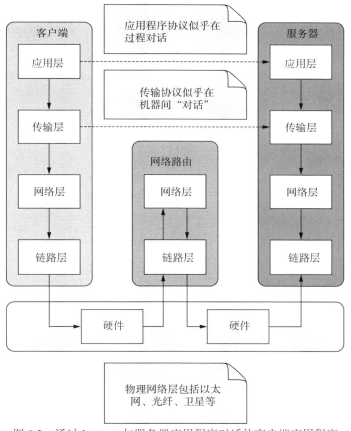

图 8.2　通过 Internet 与服务器应用程序对话的客户端应用程序

TCP/IP 协议栈的高明之处在于，即使在远程机器上，客户端和服务器进程也可以直接对话。当访问 mountebank 网站(http://www.mbtest.org)时，你的浏览器可以充当与另一端的 Web 服务器直接对话的角色。当被测系统进行 HTTP 调用时也是如此。不管它访问的服务是真实的还是虚拟的，客户端代码都可以像直接连接到服务器一样操作。

现实更加复杂。HTTP 是一种应用程序协议，它依靠 TCP 作为传输协议来传

递到远程主机。TCP 反过来依赖下游协议在网络之间路由(IP 协议)，并与同一网
络上的路由器交互(网络通常称为"链路"，这就是图 8.2 中最低层被称为链路层的
原因)。

　　Web 浏览器所做的事情是形成一个 HTTP 请求并将其传递给本地操作系统，
后者将请求传递给 TCP 协议实现。TCP 将 HTTP 消息封装在一个信封中，这个信
封添加了一系列的交付保证和性能优化。然后，它将控制权移交给 IP 协议，IP
协议再次封装整个消息，并添加寻址信息，互联网的核心基础设施知道如何使用
这些信息来路由到正确的远程机器。最后，双重封装的 HTTP 消息被传递给计算
机上网络接口的设备驱动程序，该驱动程序再次用一些需要将整个数据包传输到
路由器的以太网或 Wi-Fi 信息来封装消息，路由器很乐意将其转发到下一个网络。
如图 8.3 所示，一旦到达正确的服务器机器，该过程就会反向工作[1]。

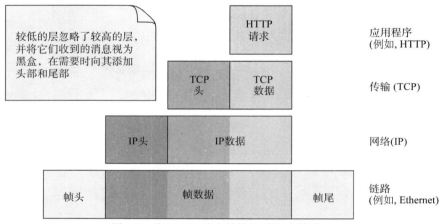

图 8.3   将 HTTP 请求转换为网络中的路由

　　TCP 支持主机到主机的通信，但允许客户端进程与服务器进程对话的是最上
层的应用程序协议。HTTP 是最著名的应用程序协议，但远不是唯一的应用程序
协议。mountebank 希望优先支持 HTTP 等众所周知的应用程序协议，但企业集成
的底层中存在大量小众或自定义的应用程序协议，mountebank 对 TCP 协议的支持
也提供了一种将其虚拟化的方法。

8.3　存根基于文本的 TCP RPC

　　对于那些习惯使用分布式编程的人来说，看到应用程序集成的一些方法可能

---

　　[1]　图 8.3 的灵感来源于描述互联网协议套件的维基百科页面上的一幅类似图片，该图片对分层的工
作方式进行了更全面的解释：https://en.wikipedia.org/wiki/internet_protocol_suite。

会感到有点困惑。想象一下，你是一个过去时代的 C++程序员，需要付费在网络上整合两个应用程序。分布式编程具有的作用还没有被普遍理解，早期可能尝试使用 CORBA 之类的标准将 RPC 形式化，但它们似乎过于复杂。向远程套接字传递函数名和一些参数，并期望它返回一个表明了函数是否成功的状态代码以及返回值，这似乎要简单得多。如果不考虑网络，它看起来类似于进程内函数调用的工作方式。

现在，年轻一代仍在为自定义的 RPC 代码添加功能，因为它对于保持功能非常重要，在这一点上，保留它比毁掉它要更合适。他们可能不喜欢这样，但从来没有人写过几十年来一直在使用的代码。不管你喜不喜欢，这是许多老字号企业的常见情况。

假设远程服务器管理核心库存，发出 RPC 请求以更改库存的 TCP 数据包的有效载荷如下所示，例如：

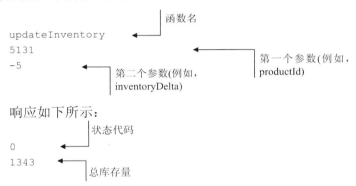

在本例中，新行分隔参数，模式是隐式的，而不是由 JSON 或 XML 定义的。mountebank 将无法理解 RPC 的语义，因此它将有效载荷封装在单个 data 字段中。

如图 8.4 所示，数据流看起来类似于虚拟 HTTP 服务中的数据流(见图 8.1)。唯一的区别是请求和响应的格式。

8.3.1 创建基本的 TCP imposter

创建 TCP imposter 与将 protocol 字段更改为 tcp 一样简单：

```
{
  "protocol": "tcp",
  "port": 3000
}
```

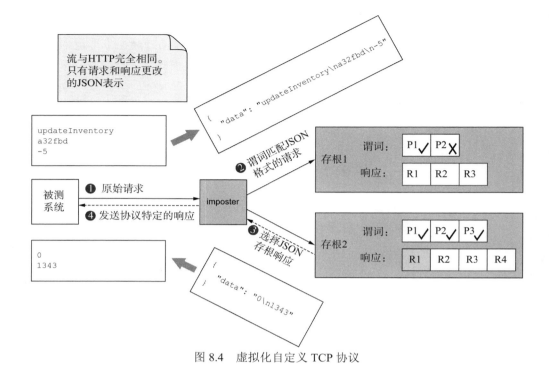

图 8.4　虚拟化自定义 TCP 协议

　　该配置足以使 mountebank 启动在端口 3000 上侦听的 TCP 服务器。它将接受请求，但响应为空。如果要虚拟化对 updateInventory 的调用，可以使用与 HTTP 相同的谓词和响应功能来实现，如代码清单 8.1 所示。唯一的区别是请求和响应的 JSON 结构。对于 tcp 来说，请求和响应都包含一个 data 字段。

代码清单 8.1　虚拟化 TCP updateInventory 调用

```
{
  "protocol": "tcp",
  "port": 3000,
  "stubs": [{
    "predicates": [{
      "startsWith": { "data": "updateInventory" }    ◀─── 寻找合适的函数
    }],
    "responses": [{
      "is": { "data": "0\n1343" }    ◀─── 返回协议特定
    }]                                      的响应格式
  }]
}
```

　　可以使用类似 telnet 的应用程序来测试 imposter。telnet 打开与服务器的交互式 TCP 连接，这使得编写脚本变得很困难。Netcat(http://nc110.sourceforge.net/)就像一个非交互式的 telnet，这使得它非常适合测试基于 TCP 的服务。你可以触发库存 RPC 调用响应，并使用 netcat 中的下列命令测试 TCP imposter：

```
echo "updateInventory\na32fbd\n-5" | nc localhost 3000
```

将请求消息封装在一个字符串中并通过管道发送到 netcat(nc)，然后将其发送到正确的套接字。它会将你配置的虚拟响应发送回终端：

```
0
1343
```

8.3.2　创建 TCP 代理

TCP imposter 也使用其他响应类型，可以像使用 HTTP 一样使用 proxy 来记录和重放。例如，如果真正的服务正在侦听 remoteservice.com 的端口 3333，则可以通过将 proxy 配置上的 to 字段指向远程套接字来设置记录/重放 imposter，如代码清单 8.2 所示。

代码清单 8.2　使用 TCP 记录/重放 proxy

```
{
  "protocol": "tcp",
  "port": 3000,
  "stubs": [{
    "responses": [{
      "proxy": {
        "to": "tcp://remoteservice.com:3333"  ◄──── 远程服务的目的地
      }
    }]
  }]
}
```

proxy 行为与你在第 5 章中看到的相同。在默认模式(proxyOnce)下，mountebank 将保存响应，并在下次请求时提供响应，而不再次进行下游调用。可以使用 netcat 测试：

```
echo "updateInventory\na32fbd\n-5" | nc -q 1 localhost 3000
```

注意添加的"-q 1"参数。默认情况下，当 netcat 发出 TCP 请求时，它会立即关闭连接的客户端，这适用于即发即弃式通信。它不适用于 RPC 中常见的双向请求-响应式通信。因为 mountebank 需要花费时间来进行下游调用以获得响应，所以当 mountebank 尝试响应时，它可能会发现没有人在监听。"-q 1"参数告诉 netcat 在关闭连接之前等待一秒钟，这样你将看到终端上的响应。

但是，netcat 的所有版本都没有使用"-q"参数，包括 Mac 和 Windows 计算机上的默认版本。如果不发送它，将无法在终端上得到响应，并且当它无法发送

响应时，你将在 mountebank 日志中看到错误。但随后的调用仍然有效，因为
mountebank 现在有一个响应的保存版本，可以立即响应。

也可以将 predicateGenerators 与 TCP 协议一起使用，但这没有什么区别，因
为只有一个字段。例如，下面的配置使任何时候对 RPC 调用中的任何内容进行新
的下游调用变得很难，如代码清单 8.3 所示。

代码清单 8.3   带有 predicateGenerators 的 TCP proxy

```
{
  "protocol": "tcp",
  "port": 3000,
  "stubs": [{
    "responses": [{
      "proxy": {
        "to": "tcp://remoteservice.com:3333",
        "predicateGenerators": [{
        "matches": { "data": true }  ◄────── 为每个新的载荷生
        }]                                     成一个新的存根
        }
      }]
  }]
}
```

虽然只在函数名上生成谓词比较好，但是不能这样做。mountebank 无法知道
函数名是什么，因此任何更改的参数都将强制进行新的下游调用。

如果幸运的话，自定义的 RPC 协议使用 mountebank 理解的有效载荷格式：
JSON 或 XML。如果是这样的话，那么可以更具体一点。接下来我们看一个例子。

8.3.3   匹配和操作 XML 载荷

我怀疑你会看到许多使用 JSON 的自定义 RPC 协议，原因很简单，在创建
JSON 时，HTTP 已经是主要的应用程序集成方法。如果看到它，那么到目前为止
所看到的所有 JSONPath 功能都有效。

XML 已经变长了，事实上，最初使用 HTTP 进行集成的一种尝试称为 POX
over HTTP，其中 POX 代表普通的 Ol'XML。让我们将 updateInventory RPC 载荷
转换为 XML：

```
<functionCall>
  <functionName>updateInventory</functionName>
  <parameters>
    <parameter name="productId" value="5131" />
    <parameter name="amount" value="-5" />
  </parameters>
</functionCall>
```

可以很容易地想象一下其他函数调用，例如，这个调用可能是获取产品 5131 的库存的调用：

```
<functionCall>
  <functionName>getInventory</functionName>
  <parameters>
    <parameter name="productId" value="5131" />
  </parameters>
</functionCall>
```

现在，为 proxy 构建一组更健壮的 predicateGenerators 变得更容易了。如果要为函数名和产品 ID 的不同组合保存不同的响应，你可以这样做，如代码清单 8.4 所示。

代码清单 8.4 使用带有 TCP proxy 的 XPath predicateGenerators

```
{
  "responses": [{
    "proxy": {
      "to": "tcp://localhost:3333",
      "predicateGenerators": [
        {
          "matches": { "data": true },        XML functionName
          "xpath": {                           必须匹配
            "selector": "//functionName"
          }
        },
        {
          "matches": { "data": true },
          "xpath": {                           productId
            "selector":                        必须匹配
➡ "//parameter[@name='productId']/@value"
          }
        }
      ]
    }
  }]
}
```

所有的行为也都与 TCP 协议一起，包括那些可以使用 XPath 从请求中选择值的 copy 行为。

8.4 二进制支持

并非所有的应用程序协议都是纯文本的。许多协议都传递一个二进制请求/

响应流，这使得很难对其进行虚拟化。这具有挑战性，但并非不可能——记住 mountebank 的使命宣言：让简单的事情变得容易，同时让困难的事情成为可能。

　　mountebank 通过两种方式实现了二进制协议的虚拟化。首先，它支持使用 Base64 编码对请求和响应二进制流进行序列化。第二，几乎所有谓词都使用与文本语义完全相同的二进制流。

8.4.1　使用二进制模式进行 Base64 编码

　　JSON——mountebank 的通用语言——不直接支持二进制数据。解决方法是将二进制流编码为字符串字段。Base64 保留 64 个字符的大小写字母、数字和两个标点符号，并将它们映射为二进制对应值。有 64 个选项可以一次编码 6 位(2^6=64)。

　　任何现代语言库都支持Base64编码。下面是JavaScript(node.js)中的一个示例：

```
var buffer = new Buffer("Hello, world!");        打印 SGVsbG8sIHdvcmxkIQ==
console.log(buffer.toString("base64"));
```

类似地，从 Base64 解码也使用 Buffer 类型完成，在这个 JavaScript 示例中：

```
                                                 Base64 编码值
var buffer = new Buffer("SGVsbG8sIHdvcmxkIQ==");
console.log(buffer.toString("utf8"));
                                                 打印 Hello, world!
```

　　让 TCP imposter 返回二进制数据需要让 mountebank 知道你想要一个二进制 imposter 和 Base64 编码的响应，如代码清单 8.5 所示。

代码清单 8.5　设置 imposter 的二进制响应

```
{
  "protocol": "tcp",
  "port": 3000,                  切换到二进制模式
  "mode": "binary",
    "stubs": [{
    "responses": [{                       返回 "Hello, world!"
      "is": { "data": "SGVsbG8sIHdvcmxkIQ==" }   的二进制形式
    }]
  }]
}
```

　　将 mode 设置为 binary 后，mountebank 知道执行以下操作：

- 将所有响应数据解释为 Base64 编码的二进制流，当在网络中响应时，将对其进行解码。
- 将所有代理响应保存为 wire 响应的 Base-64 编码版本。
- 将所有谓词解释为 Base-64 编码的二进制流，对其进行解码以便与原始的 wire 请求匹配。

最后一个要点需要更多的解释。

8.4.2 在二进制模式下使用谓词

二进制数据是位数据流。例如，它可能是 01001001 00010001。我把这些位分隔成两个八位组合(八位字节)，因为尽管计算机能够识别一长串 0 和 1，但我们人类阅读起来有点困难。使用两个八位字节还可以将它们编码为 0～255(2^8)的两个数字。在这种情况下，应该是 73 17，或者是十六进制的 0x49 0x11。十六进制是很好的，因为它没有任何歧义——每个两位数可能有 256 个十六进制数(16^2)，与八位八进制数编码可能具有的数值量相同。

假设你想要创建一个包含该二进制流的谓词。要做到这一点，首先需要对其进行编码：

```
var buffer = new Buffer([0x49, 0x11]);        打印
console.log(buffer.toString('base64'));   ◄   "SRE="
```

现在，谓词定义在概念上与文本定义相同，如代码清单 8.6 所示。

代码清单 8.6　使用二进制 contains 谓词

```
{
  "protocol": "tcp",
  "port": 3000,                    将 imposter 置于
  "mode": "binary",   ◄            二进制模式中
  "stubs": [
    {
      "predicates": [{                        0x49 0x11
        "contains": { "data": "SRE=" }  ◄
      }],
      "responses": [{                         "匹配"
        "is": { "data": "TWF0Y2hlZAo=" }  ◄
      }]
    },
    {
    "responses": [{
       "is": { "data": "RGlkIG5vdCBtYXRjaAo=" }  ◄
      }]                                            "不匹配"
    }
  ]
}
```

如果我们在二进制流中添加一个八位字节，比如说 0x10，那么 contains 谓词仍然匹配。二进制流 0x10 0x49 0x11 编码为"EEkR"，显然不包含文本"SRE="。如果没有将 imposter 配置为二进制模式，那么 mountebank 将执行一个简单的字符

串操作，谓词将不会匹配。通过切换到二进制模式，要告诉 mountebank 将谓词(SRE=)解码为二进制数组([0x49，0x11])，并查看传入的二进制流([0x10，0x49，0x11])是否包含这些八位字节。它是这样做的，因此谓词匹配。可以通过使用 base64 实用程序在命令行上进行测试，默认情况下该实用程序由大多数 POSIX shell 提供(例如，Mac 和 Linux)：

```
echo EEkR | base64 --decode | nc localhost 3000
```

得到一个"Matched"的响应，它对应于第一个响应。

几乎所有谓词都是这样工作的：通过与二进制数组进行匹配。唯一的例外是 matches。在二进制世界中，正则表达式没有意义，并且元字符不能翻译。实际上，contains 可能是最有用的二元谓词。事实证明，许多二进制 RPC 协议都对请求中的函数名进行编码。参数可以是难以匹配的序列化对象，但函数名是编码文本。接下来我们来看一个现实世界的例子。

8.5　虚拟化.NET 远程服务

在过去的日子里，街头公告员经常公开宣布。他会按一下手铃，喊出"听我说！听好了！"以便在宣布之前引起大家的注意。这巧妙地解决了向仍然基本上是文盲的公众传递信息的问题。

提供公告服务的 RPC 服务[2]可能有点过时了，但它有助于让你回到过去，认为让远程函数调用看起来像进程内函数调用是一件好事[3]。.NET Remoting 并不是第一次尝试创建一个很大程度上透明的分布式 RPC 机制，但它确实有一个短暂的流行期，并且代表了企业中可能遇到的更广泛的 RPC 协议类。

8.5.1　创建简单的.NET Remoting 客户端

.NET Remoting 允许你使用.NET 框架像调用本地方法一样调用远程方法。例如，假设要发出一个声明，必须填写一个 AnnouncementTemplate：

```
[Serializable]
public class AnnouncementTemplate          ←——| 确保它能通过链路传递
{
    public AnnouncementTemplate(string greeting,
        string topic)
    {
```

---

[2]　好吧，这个场景可能不像广告中描述的那样真实，但是协议是……

[3]　Peter Deutsch 写道，几乎所有首先构建分布式应用程序的人都会做出一组关键的假设，从长远来看，这些假设都是错误的，并且不可避免地会造成很大的麻烦。请参见 https://en.wikipedia.org/wiki/Fallacies_of_distributed_computing。

```
    Greeting = greeting;
    Topic = topic;                              因此你可以将"Hear ye!"
}                                               变为"Oyez!"
public string Greeting { get; }
public string Topic { get; }          公共问候语
}
```

这个主题将被声明

如果你不是 C#专家，不要担心。这段代码和大多数企业应用程序一样简单，这些程序通常是用 Java 或 C#语言编写的。它创建了一个基本类，该类接受声明的问候语和主题，并将它们作为只读属性公开。唯一的细微差别是顶部的[Serializable]属性。这是 C#的神奇之处，允许对象在进程之间传递。

创建一个 AnnouncementTemplate 后，将其传递给 Crier 类的 Announce 方法，如代码清单 8.7 中所定义的[4]。

代码清单 8.7　Crier 类定义

```
public class Crier : MarshalByRefObject          允许在链路上序列化
{
    public AnnouncementLog Announce(
        AnnouncementTemplate template)
    {                                            返回捕获公
                                                 告的日志
        return new AnnouncementLog(
            $"{template.Greeting}! {template.Topic}");
    }
}
```

Crier 类继承自 MarshalByRefObject。同样，这在很大程度上与示例无关，除了一个事实，即允许从远程进程调用 Crier 类的一个实例。Announce 方法将问候语和主题格式化为一个字符串($"{template.Greeting}! {template.Topic}"行是 C#的字符串插值)，并返回封装在 AnnouncementLog 对象中的值，如下所示：

```
[Serializable]                                   使其可远程访问
public class AnnouncementLog
{
    public AnnouncementLog(string announcement)
    {                                            捕获公告的时间
        When = DateTime.Now;
        Announcement = announcement;
    }
    public DateTime When { get; }
    public string Announcement { get; }
```

[4]　本示例的源代码比本书中的大多数其他示例要复杂得多。一如既往，你可以在 https://github.com/bbyars/mountebank-in-action 下载。此外，本书中的许多命令行示例在 MacOS 和 Linux 上的用法不一样。此示例面向 Windows，需要额外的操作才能在其他操作系统上运行。

```
public override string ToString()
{
    return $"({When}): {Announcement}";       ◄──── 格式化公告
}                                                    日志项
}
```

出于需要，AnnouncementTemplate、Crier 和 AnnouncementLog 形成了域模型的整体。你可以将它简化为 Crier 类，但我们过去认为通过网络传递整个对象图是一个好主意，并且添加两个简单的类，Crier 使用这两个类——一个作为输入，一个作为输出——这有助于使示例更加真实。

可以在本地调用 Crier，但这没有意义，如果决定测试它，在传统的模拟工具领域中会有更多选择。相反，你将调用一个远程 Crier 实例。本书的源 repo 演示了如何对一个简单的服务器进行编码，该服务器在 TCP 套接字上侦听并充当远程 Crier。我们将关注客户端，通过虚拟化服务器测试它。为此，虚拟服务需要像.NET TCP Remoting 服务那样响应。

代码清单 8.8 显示了要测试的客户端。它表示到远程 Crier 实例的网关。

代码清单 8.8　到远程 Crier 实例的网关

```
public class TownCrierGateway
{
    private readonly string url;

    public TownCrierGateway(int port)
    {                                                            ◄──── 远程服务的
        url = $"tcp://localhost:{port}/TownCrierService";          URL
    }

    public string AnnounceToServer(
        string greeting, string topic)
    {
        var template = new AnnouncementTemplate(          ◄──── 获取远程对
            greeting, topic);                                    象引用
        var crier = (Crier)Activator.GetObject(   ◄──
            typeof(Crier), url);
        var response = crier.Announce(template);                 ◄──── 进行(远程)
        return $"Call Success!\n{response}";      ◄──               方法调用
    }                                         向响应中添
}                                             加元数据
```

注意，对 crier.Announce 的调用看起来像本地方法调用。不是这样的。这就是.NET Remoting 的妙处。上面的行根据构造函数中的 URL 来检索对对象的远程引用。分布式计算时代的特点就是这种让远程函数调用看起来像本地函数调用。

8.5.2 虚拟化.NET Remoting 服务器

TownCrierGateway 类所做的就是向远程调用响应添加一条成功消息。这足以让你编写一个测试,而不会陷入太多不必要的复杂性中。可以用两种方式编写测试,假设目标是虚拟化远程服务。

第一种方法是创建一个 mountebank 存根,它代理远程服务并捕获响应。你可以在测试中重放响应。

第二种方法更酷。可以在测试本身中创建响应(就像在 AnnouncementLog 类的实例中一样),就像使用传统模拟工具一样,并让 mountebank 在客户端调用 Announce 方法时返回它。确实很酷。

幸运的是,Matthew Herman 为 C#编写了一个易于使用的 mountebank 库,名为 MbDotNet[5]。让我们用它创建一个测试夹具。我喜欢用一厢情愿法则来编写测试,意思是我编写了我想看到的代码,并知道以后如何实现它。这使我的测试代码能够清楚地指定意图,而不会忽视细节。在这种情况下,我想创建对象图,mountebank 在测试本身内部返回,并将其传递给一个函数,该函数使用远程方法名的 contains 谓词在端口 3000 上创建 imposter。这是很有希望的,但我已经将它封装在一个名为 CreateImposter 的函数中,如代码清单 8.9 所示。

代码清单 8.9 使用 MbDotNet 的基本测试夹具

```
[TestFixture]
public class TownCrierGatewayTest
{
    private readonly MountebankClient mb =        ⎫ MbDotNet 到 mountebank
        new MountebankClient();                   ⎭ REST API 的网关

     [TearDown]
    public void TearDown()                        ⎫ 每次测试后删除
    {                                             ⎬ 所有 imposter
        mb.DeleteAllImposters();                  ⎭
    }
     [Test]
  public void ClientShouldAddSuccessMessage()
  {
      var stubResult = new AnnouncementLog("TEST");
      CreateImposter(3000, "Announce", stubResult);  ⎱ 安排
      var gateway = new TownCrierGateway(3000);      ⎰
```

---

[5] mountebank 具有这些客户端绑定的整个生态系统。我尽我所能在 http://www.mbtest.org/docs/clientLibraries 上维护一个列表,但你总是可以在 GitHub 上搜索其他列表。请随意添加请求以将你自己的库添加到 mountebank 网站。

```
var result = gateway.AnnounceToServer(          行动
    "ignore", "ignore");

Assert.That(result, Is.EqualTo(                 断言
    $"Call Success!\n{stubResult}"));
    }
}
```

此夹具使用 NUnit 注释[6]来定义测试。NUnit 确保每次测试后都会调用
TearDown 方法，这样就可以方便地进行清理。创建测试夹具时，创建 mountebank
客户端的一个实例(假设 mb 已经在端口 2525 上运行)，并在每次测试后删除所有
imposter。这是使用 mountebank 的 API 进行功能测试时的典型模式。

测试本身使用了第 1 章中介绍的标准 Arrange-Act-Assert 模式编写测试。概念
上，Arrange 阶段设置测试中的系统，创建 TownCrierGateway，并确保当它连接
到虚拟服务(在端口 3000 上)时，虚拟服务使用由 stubResult 表示的对象图的有线
格式进行响应。Act 阶段调用被测试的系统，Assert 阶段验证结果。这与使用传统
的模拟工具几乎是相同的。

一厢情愿法则只能做这么多。MbDotNet 简化了使用 C#连接 imposter 的过程。
在将 Serialize 命名的方法中，只会伪响应的序列化格式添加延迟：

```
private void CreateImposter(int port,
    string methodName, AnnouncementLog result)
{
    var imposter = mb.CreateTcpImposter(
        port, "TownCrierService", TcpMode.Binary);
    imposter.AddStub()
                                                      添加谓词
        .On(ContainsMethodName(methodName))    ◄─────
添加响应
    └─► .ReturnsData(Serialize(result));
    mb.Submit(imposter);      ◄─── 调用 REST API(我们很快
}                                  就会找到序列化方法。)

private ContainsPredicate<TcpPredicateFields> ContainsMethodName(
    string methodName)
{
    var predicateFields = new TcpPredicateFields
    {
        Data = ToBase64(methodName)
    };
    return new ContainsPredicate<TcpPredicateFields>(
        predicateFields);
}
```

---

[6]　流行的 C 测试框架，请参见 http://nunit.org/。

```
private string ToBase64(string plaintext)
{
    return Convert.ToBase64String(
        Encoding.UTF8.GetBytes(plaintext));
}
```

CreateImposter 和 ContainsMethodName 方法使用 MbDotNet API,这是一个对 mountebank REST API 的简单封装程序。REST 调用是在调用 mb.Submit 时进行的。ToBase64 方法使用标准.NET 库调用对 Base64 格式的字符串进行编码。

剩下的就是填充 Serialize 方法。这是一种方法,它必须接受你希望虚拟服务返回的对象图,并将其转换为和.NET Remoting 响应一样的字节流。这意味着要了解.NET Remoting 的链路格式。

这很难。

好消息是,有了许多流行的 RPC 协议,其他人已经为你做了大量的工作。对于.NET Remoting 来说,另一个人是 Xu Huang,他为.NET、Java 和 JavaScript[7] 创建了.NET Remoting 解析程序。你将使用.NET 实现来创建 Serialize 函数。

代码出现在代码清单 8.10 中,理解它并不难。重点不是教你.NET Remoting 的链路格式。相反,它表明,只需要做一点工作,就可以创建一个通用机制,用于将存根响应序列化为现实世界 RPC 协议的链路格式。一旦完成了这项艰苦的工作,就可以在整个测试套件中重用它,使编写测试变得与创建虚拟服务响应的对象图一样简单,并让序列化函数将其转换为特定于 RPC 的格式。

代码清单 8.10 序列化.NET Remoting 的存根响应

```
public string Serialize(Object obj)
{
    var messageRequest = new MethodCall(new[] {        ← 请求元数据
        new Header(MessageHeader.Uri,
            "tcp://localhost:3000/TownCrier"),
        new Header(MessageHeader.MethodName,
            "Announce"),
        new Header(MessageHeader.MethodSignature,
            SignatureFor("Announce")),
        new Header(MessageHeader.TypeName,
            typeof(Crier).AssemblyQualifiedName),
        new Header(MessageHeader.Args,
            ArgsFor("Announce"))
    });
    var responseMessage = new MethodResponse(new[]      ← 封装响应
    {
```

---

[7] 请参阅 https://github.com/wsky/RemotingProtocolParser。

```
        new Header(MessageHeader.Return, obj)
    }, messageRequest);

    var responseStream = BinaryFormatterHelper.SerializeObject(
        responseMessage);
    using (var stream = new MemoryStream())
    {
        var handle = new TcpProtocolHandle(stream);
        handle.WritePreamble();
        handle.WriteMajorVersion();
        handle.WriteMinorVersion();
        handle.WriteOperation(TcpOperations.Reply);        编写响应元数据
        handle.WriteContentDelimiter(
            TcpContentDelimiter.ContentLength);
        handle.WriteContentLength(
            responseStream.Length);
        handle.WriteTransportHeaders(null);
        handle.WriteContent(responseStream);              编写响应(具有
        return Convert.ToBase64String(        转换为 Base64   请求元数据)
            stream.ToArray());
    }
}

private Type[] SignatureFor(string methodName)
{
    return typeof(Crier)
        .GetMethod(methodName)
        .GetParameters()                                   支持公告以外
        .Select(p => p.ParameterType)                      的 RPC 方法
        .ToArray();
}

private Object[] ArgsFor(string methodName)
{
    var length = SignatureFor(methodName).Length;
    return Enumerable.Repeat(new Object(), length).ToArray();
}
```

　　SignatureFor 和 ArgsFor 方法是简单的 helper 方法，它们使用.NET 反射(允许你在运行时检查类型)，使 Serialize 方法成为通用方法。请求元数据需要一些关于远程函数签名的信息，这两种方法可以动态定义足够的信息来满足格式要求。剩下的 Serialize 方法使用 Xu Huang 库中适当的元数据封装存根响应对象，因此当 mountebank 通过链路返回该对象时，.NET Remoting 客户端会将其视为合法的 RPC 响应。

　　记住 mountebank 的关键目标：使简单的事情变得容易，困难的事情成为可能。

事实上，有了一点底层的序列化代码，就可以方便地在链路上消除二进制.NET
Remoting (以及它的一些类似功能)，这是一个关键的特性。

如果忘记了这有多酷，建议你回顾代码清单 8.9，看看测试有多简单。

8.5.3　如何告诉 mountebank 消息结束的位置

要使用 mountebank 的 TCP 协议完全虚拟化应用程序协议，还需要处理另外
的复杂性。我们研究 HTTP 服务器如何知道 HTTP 请求何时完成。你可能会想起
一个类似于图 8.5 的图。

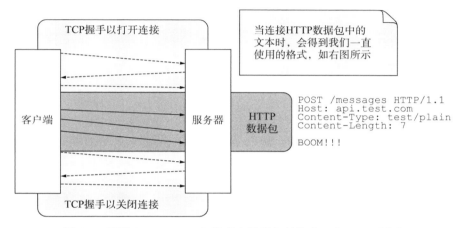

图 8.5　使用 Content-Length 将多个数据包封装成一个 HTTP 请求

作为传输协议，TCP 使用握手打开和关闭新的连接。这种握手对应用程序协
议是透明的。然后，TCP 接受应用程序请求并将其拆分成一系列数据包，并通过
网络发送每个数据包。一个数据包的大小可以是 1500～64 000 字节，但也可以更
小一些。当在本地机器上进行测试(使用所谓的环回网络接口)时，你将获得更大
的包，而类似以太网的低层协议在通过网络传递数据时使用更小的包。

因为逻辑应用程序请求可能包含多个数据包，所以应用程序协议需要知道逻
辑请求何时结束。HTTP 通常使用 Content-Length 头提供该信息。因为这个头出现
在 HTTP 请求的早期，所以服务器可以等待，直到它接收到足够的字节来满足给
定的长度，而不管传递完整请求需要多少数据包。

每个应用程序协议都必须有一个策略来确定逻辑请求何时结束。mountebank
使用两种策略：

- 默认策略，假定数据包和请求之间存在一对一关系。
- 接收足够的信息以知道请求何时结束。

到目前为止，这些例子都有效，因为只测试了短请求。使用一个保存为
remoteCrierProxy.json 的简单代理来进行更改，如代码清单 8.11 所示。

代码清单 8.11　　创建到.NET Remoting 服务器的 TCP proxy

```
{
  "protocol": "tcp",
  "port": 3000,
  "mode": "binary",
  "stubs": [{
    "responses": [{
      "proxy": { "to": "tcp://localhost:3333" }
    }]
  }]
}
```

本书的源代码包括.NET Remoting 服务器的可执行文件。当你启动它时，给它一个监听端口：

```
Server.exe 3333
```

以通常的方式启动 mountebank 服务器：

```
mb --configfile remoteCrierProxy.json
```

最后，如果在端口 3000 上启动.NET Remoting 客户端，默认情况下，将其配置为发送超过单个数据包大小的请求问候语和主题：

```
Client.exe 3000
```

你可以在 mountebank 日志中看到它试图代理服务器，但服务器没有响应，并且客户端抛出了一个错误。默认情况下，mountebank 会获取第一个包，并假定它是整个请求。将它传递给服务器——一个真正的、真实的.NET Remoting 服务器，该服务器查看包内部，并知道它应该期望为请求提供更多的数据包，因此继续等待。mountebank 认为它已经看到了整个请求，试图做出响应。整个过程就会开始(见图 8.6)。

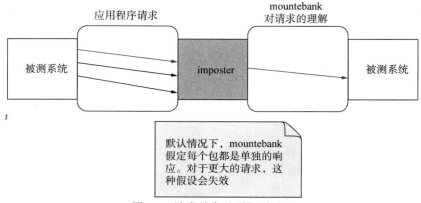

图 8.6　请求结束时预期不匹配

一旦请求达到一定的范围，就必须选择第二种策略：在请求结束时通知 mountebank。imposter 将保留一个内部缓冲区。每次它收到一个新的包时，都会将包数据添加到缓冲区，并将整个缓冲区传递给定义的 JavaScript 函数，如果请求完成，则返回 true，否则返回 false。

将函数作为 endOfRequestResolver 传入。对于本示例，将使用一个模板将函数添加到名为 resolver.js 的单独文件中，如代码清单 8.12 所示。

代码清单 8.12　　添加 endOfRequestResolver

```
{
  "protocol": "tcp",
  "port": 3000,
  "mode": "binary",
  "endOfRequestResolver": {
"inject": "<%- stringify(filename, 'resolver.js') %>"
  },
  "stubs": [{
"responses": [{
    "proxy": { "to": "tcp://localhost:3333" }
    }]
  }]
}
```

.NET Remoting 在请求的元数据中嵌入了内容长度。可以在函数中使用它来确定是否已经收集了所有的请求数据包。你将再次依赖 Xu Huang 的解析库(其中包含一个 Node.js 实现)来完成繁重的工作。和以前一样，目的不是学习.NET Remoting 的所有知识，而是演示如何虚拟化真实的应用程序协议。不要太在意消息格式。最基本的部分是，从消息中获取内容长度，并根据 mountebank 传入的缓冲区长度对其进行测试，以查看是否收到了整个请求，如代码清单 8.13 所示。

代码清单 8.13　　用于确定是否已看到整个请求的函数

```
function (requestData, logger) {          ◄───  requestData 是一个
  var path = require('path'),                    Node.js 缓冲区对象
    parserPath = path.join(process.cwd(),  ◄───  包含了 Xu Huang 的库
➥ '/../RemotingProtocolParser/nodejs/lib/remotingProtocolParser'),
    r = require(parserPath).tcpReader(requestData);
  logger.debug('Preamble: %s', r.readPreamble());
  logger.debug('Major: %s', r.readMajorVersion());
  logger.debug('Minor: %s', r.readMinorVersion());
  logger.debug('Operation: %s', r.readOperation());
  logger.debug('Delimiter: %s',
    r.readContentDelimiter());
```

```
logger.debug('ContentLength: %s',        指的是内容部分的长度，而
    r.readContentLength());              不是整个消息的长度
logger.debug('Headers: %s',
  JSON.stringify(r.readHeaders()));

var expectedLength = r.offset + r.contentLength + 1;   ◄── 计算预期
logger.info('Expected length: %s, actual length: %s',      的长度
  expectedLength, requestData.length);
return requestData.length >= expectedLength;   ◄── 根据预期测试缓冲区长度
}
```

解析库未作为 npm 模块发布。如果是的话，可以在本地安装并包含它，而不需要引用特定的文件路径。在该示例中，根据函数第二行中预期的路径复制了 Huang 的存储库[8]。

解析库不支持随机访问，因此你不能询问内容长度，以及将它与请求缓冲区进行比较。相反，它维护一个状态 offset，并期望按顺序读取所有元数据字段。为了帮助调试，我将这些元数据字段封装在 logger.debug 函数中。如果使用--loglevel debug 命令行标志运行，则可以在 mountebank 日志中看到它们。

既然已经编写了函数，可以再次尝试代理。这次，因为使用的是一个 JavaScript 函数，所以必须传递--allowInjection 标志：

```
mb --configfile imposter.json -allowInjection
```

重新启动 3333 端口上的服务器，然后再次运行客户端，指向 mountebank 代理：

```
Client.exe 3000
```

这次，一切正常。现在有了一个功能齐全的.NET Remoting 虚拟服务器。祝贺你！你已经完成了整本书中最难的例子。

很难，但是有可能。

有了这个，你现在已经了解了 mountebank 的功能。但知道如何使用一个工具和知道什么时候应该使用它是不同的。这就是第 9 章要介绍的内容。

> **另一个例子：Mule ESB 上的 Java 序列化**
>
> 2013 年底，我在一家大型航空公司工作。几年前，该网站被改写为通过 Mule 企业服务总线(ESB)与服务层通信。ESB 连接程序通过 TCP 传递，并返回序列化的 Java 对象图。但是，通过链路传递原始对象在 Web 层和服务层之间创建了紧密耦合。在过去十年的大部分时间里，它还运营着一个价值数十亿美元的网站。经过生产强化的企业软件架构并不像你所了解的那样。

---

[8]　我已经在本书的源代码 repo 中完成了这项工作，包括一份完整的库副本。

　　我在一个团队中为一个新的移动应用程序创建了 REST API，这个新的移动应用程序需要在网站被替换之前发布，所以我们的 API 必须与服务层集成。虽然我们有一个一流的团队，能够适应自动化测试，但是在不破坏 Web 层的情况下，测试产生的分歧是如此的痛苦，以至于我们放弃了。我们尽可能地编写自动化测试，但通常太难了，并且错误开始出现。

　　本书中的大部分内容都描述了 HTTP 的 mountebank，但 HTTP 并不是 mountebank 支持的第一个协议。我创建了 mountebank 来测试二进制 Mule ESB TCP 连接程序，在我们的测试中服务 Java 对象的方式与我们所了解的.NET Remoting 的方式大致相同。当时，HTTP 有许多高质量的开放源码虚拟化工具可用，但没有一个工具可以中断二进制 TCP 协议。今天基本上还是这样。

8.6　本章小结

- 在 mountebank 中，协议负责将网络请求转换为用于谓词匹配的 JSON 请求，以及采用 mountebank JSON 响应并将其转换为网络响应。
- mountebank 支持在其 TCP 协议之上添加应用程序协议。所有谓词、响应类型和行为都继续使用 TCP 协议，只有请求和响应的 JSON 结构不同。
- mountebank 通过对数据进行 Base64 编码来支持二进制有效载荷。必须将 mountebank 的 imposter mode 转换为 binary 才能正确处理编码。
- 一旦了解了如何将对象图序列化为 RPC 协议所期望的链路格式，就可以编写类似于使用传统存根工具编写的测试。
- 默认情况下，当使用 TCP 协议时，mountebank 假定每个传入数据包代表一个完整的请求。为了让 mountebank 知道请求何时结束，可以传入一个 endOfRequestResolver JavaScript 函数。

第III部分

关 闭 循 环

现在你已经了解了 mountebank 的完整功能，第III部分将其放在上下文中使用。

服务虚拟化是一个强大的工具，但和任何工具一样，它也有其局限性。在第 9 章中，我们将在持续交付的背景下对其进行探讨。我们将从头到尾为之前在本书中看到的一些微服务构建一个测试管道，并讨论服务虚拟化的适用范围。我们还将研究如何正确使用带有合约测试的测试套件，这些测试提供了轻量级的验证，并可以在不需要进行完整的端到端测试的情况下与服务一起使用。

本书最后介绍了性能测试，它一直是一个难以解决的问题，而微服务更是如此。由于在保护端到端测试环境过程中存在固有的开销和复杂性问题，因此要在网络环境中理解服务的性能特征并非易事。服务虚拟化是一种自然的性能测试方法，它结合了我们以前看到的许多特性，包括代理和行为。

第 *9* 章

微服务的安全

本章主要内容:
- 持续交付的基本刷新器
- 持续交付和微服务的测试策略
- 服务虚拟化采用更广泛的测试策略

传统的孤立组织结构使完成任何事情都需要一个复杂的过程。毫不奇怪的是,在大型企业中,IT 和商业之间很少有健康的关系。历史上,改善这种情况的常见方法是添加更多的过程规则,这进一步使过程复杂化,使将代码发布到生产中变得更加困难(并因此降低了客户的价值)。开发人员、DBA 和系统管理员之间的交接越来越明确,这就是过程规则的例子。每次填写数据库模式更改请求表单或操作移交文档时,都会看到流程规则在起作用。

持续交付通过强调工程规则而不是过程规则来改变这一状况。它将步骤自动化,以便企业可以根据需要发布新代码。尽管工程规则包含广泛的实践,但测试发挥着核心作用。在本章中,我们将介绍微服务世界的一个示例测试策略,并说明服务虚拟化的适用范围。

9.1 一个持续的交付刷新器

Jez Humble 和 Dave Farley 编写了持续交付来实现软件快速交付。在第 1 章中,我说明了集中发布管理和收费站的传统流程规则是如何增加拥塞并减缓交付的。重点是在安全性方面,进行附加检查来使交付软件更有效。

相比之下,持续交付(CD)侧重于自动化,强调交付软件的安全性、速度和可持续性。它要求代码始终处于可部署状态，迫使你放弃开发完成、功能完成和强化迭代的想法。这些概念是过去遗留下来的，我们通过添加更多的过程层来克服工程规则的不足。

关于持续交付的术语表

我在本章中介绍了几个重要术语：

- 持续集成——尽管持续集成(CI)经常被误认为是在每次提交之后通过Jenkins之类的工具运行自动构建，但实际上它确保了代码在连续的基础上(至少一天一次)与其他人的代码合并并能正常使用。
- 持续交付——确保代码始终可发布的一组软件开发实践。CD实践的全部范围从面向开发人员的技术(如功能切换)到面向生产的方法(如monitoring和canary测试)。面向开发人员的技术提供了一种方法能够隐藏运行中的代码，而面向生产的方法能够随着时间的推移将发布扩展到客户群。本书的重点是两者之间的测试。
- 部署管道——从提交到投入生产所产生的路径代码。
- 持续部署——一种先进的持续交付方式，可从部署管道中移除所有手动干预。

在持续交付中，每次提交代码要么构建失败，要么可以发布到产品中。不需要预先决定哪个提交代表了发布版本。尽管这种方法仍然很常见，但它是一种草率的工程实践。它使你能够提交无法发布到产品中的代码，并期望稍后对其进行修复。这种态度要求IT掌握软件交付的时机，剥夺了业务和产品经理的控制权。

使持续交付成为可能的核心组织概念是部署管道。它表示代码从提交到生产过程中的价值流，通常直接用持续集成(CI)工具表示(见图9.1)。

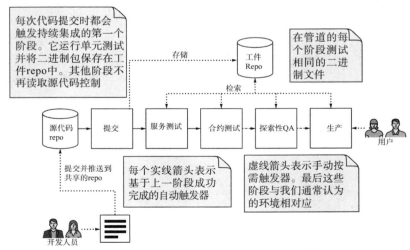

图9.1　部署管道定义了从提交到生产的路径

每一个代码提交都会自动触发一个构建，通常包括编译、运行单元测试和静态分析。成功的构建会将包保存在工件存储库中——通常是二进制工件，即使对于 Ruby 和 JavaScript 这样的解释语言来说，它也只是源代码的一部分。下游的每一组验证都运行该包的一个已部署实例，直到最终实现生产。

代码向实际用户提供价值的方式因组织而异，甚至在同一组织内的团队之间也不尽相同。其中很大一部分是由测试应用程序的方式来定义的。

9.1.1　基于微服务的 CD 测试策略

在非常大规模的分布式环境中进行测试是一个主要的挑战。

——Werner Vogels，亚马逊首席技术官

可视化测试策略的一种常见方法是以金字塔的形式出现。该策略在多个层次上进行测试。它还表明，将尽可能多的测试放到较低的层次是有价值的，在那里测试既易于维护，运行速度也更快。当转移到更高的层次时，就难以编写测试，并进行维护和故障排除。它们也更全面，而且通常更擅长捕获困难的错误。每个团队都需要根据自己的需要定制一个测试金字塔，但是可以考虑一个类似于图 9.2 的微服务模板[1]。

单元测试不同于更高级别的测试的原因存在分歧，但就本图而言，关键区别在于，应当能够在服务没有部署到运行时的情况下运行单元测试。这使得单元测试正在进行，并且独立于环境(参见图 9.3)。

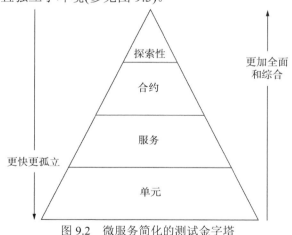

图 9.2　微服务简化的测试金字塔

虽然这里有一些不同的术语，但是我使用术语"服务测试"来描述一个黑盒测试，它可以验证网络上的服务行为。这样的测试确实需要部署，但是使用服务

---

[1]　你也可能对 Toby Clemson 在 http://martinfowler.com/articles/microservice- testing/上对微服务测试类型的描述感兴趣。

虚拟化来保持与运行时依赖项的隔离。该层允许你在维持确定性的同时进行进程外的黑盒测试。服务虚拟化通过允许每个测试控制其运行环境，从而可以从测试中删除不确定性，如图 9.3 所示。

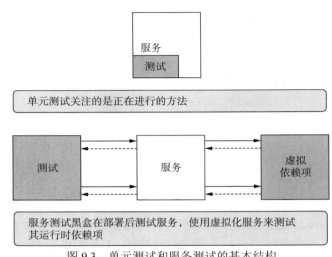

图 9.3   单元测试和服务测试的基本结构

结合单元测试和服务测试可以测试服务的大部分行为。假定某些响应来自它的依赖项，但是不能保证这些存根响应的合理性，它们会让你知道你的服务行为是正确的。合约测试可以验证是否更改了合约级别(参见图 9.4)。实际上，服务测试表明，如果服务从其依赖项获得这些响应，那么它的行为是正确的。合约测试验证了服务确实获得了这些响应。良好的合约测试避免了对依赖项进行深入的行为测试——你应该独立地测试它们——但要对存根有信心。

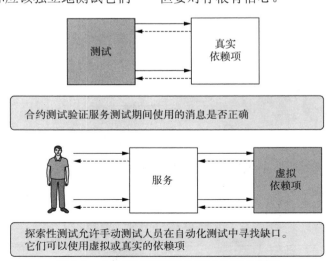

图 9.4   合约测试和探索性测试的基本结构

我将探索性测试作为测试金字塔的组成部分，因为大多数组织都发现了手动测试的作用。优秀的探索性测试人员都在自动化的测试套件中寻找缺口。这些测试可以集成，也可以依赖服务虚拟化来测试某些边缘情况。图 9.4 显示了使用服务虚拟化的探索性测试。

其他类型的测试不能用测试金字塔来理解。跨功能需求，如安全性、性能和可用性故障转移，通常需要专门的测试，与其说这是系统的行为，不如说是系统的弹性。性能测试是服务虚拟化的一个亮点，因为它允许你复制依赖项的性能，而不需要一个完全集成的、类似生产的环境。在第 10 章中，我们将探讨服务虚拟化如何实现性能和负载测试。

最后，永远不要忘记错误预防只是测试策略的一部分。微服务的快速发布周期鼓励你在错误检测、修复和预防方面进行大量投资，因为它们有助于正确发布软件。尽管错误检测和修复不是本书的重点，但有效使用微服务的公司通常会对其发布进行阶段性的调整，这样，一开始只有很小一部分用户能看到新的发布。强大的监控可以检测用户是否遇到任何问题，回滚操作与将这些用户代码切换到其他人使用的代码一样简单。如果没有检测到问题，发布系统会随着时间的推移将越来越多的用户代码切换到新代码，直到 100% 的用户使用了该版本，此时可以删除以前的版本[2]。高级监视允许你在用户检测之前检测错误。尽管测试策略是持续交付的一个关键组件，但是工程规则显著地增加了自动化的范围。

9.1.2　将测试策略映射到部署管道

无论特定的测试金字塔是什么样的，将它映射到部署管道通常都非常简单(见图 9.5)。

我喜欢考虑从一个阶段到下一个阶段的边界条件。在图 9.5 中，我显示了下面的边界：

- 部署边界表示第一次部署应用程序(或服务)。左侧的所有测试都是进程内运行的；右侧的所有测试都是进程外运行的，并且隐式地测试部署进程本身以及应用程序。
- 确定性边界表示第一次将应用程序集成到其他应用程序中。由于环境条件，此边界右侧的测试可能会失败。由于完全由应用程序团队控制，此边界左侧的测试会失败。
- 自动化边界表示切换到手动探索性测试的位置(请注意，部署本身仍然是自动的，但是要部署的触发器需要人按下按钮)。一些公司，对于某些产品，已经完全消除了这一界限，自动将代码发布到产品中，而不需要任何

---

[2]　这称为 canary 测试。你可以在 https://martinfowler.com/bliki/CanaryRelease.html 上阅读更多关于它的信息。

手动验证。这是一种高级的持续交付形式，称为持续部署，显然不适用于所有环境。帮助飞机保持飞行的软件可靠性要比你最喜欢的社交媒体平台的可靠性更高。

- 价值边界是实际用户可以访问新软件的点。

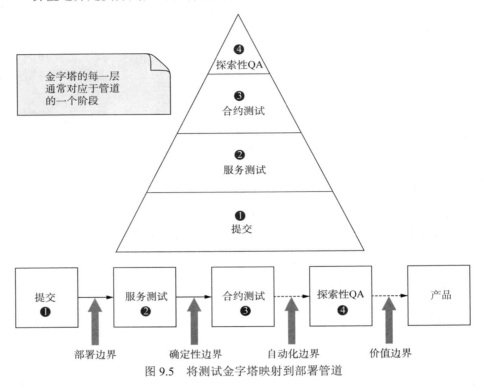

图 9.5   将测试金字塔映射到部署管道

因为本书是关于测试的，所以我们只研究测试管道，这些管道的早期阶段使你可以交付生产。完整的部署管道也将包括生产部署。

9.2   创建测试管道

我们已经有一段时间没有看到第 2 章中宠物店网站的例子了。我们将其用来简单模拟支持微服务的电子商务应用程序，重点关注 Web facade 服务，它汇总了来自其他两个服务的结果(见图 9.6)：

- 产品目录服务，负责发送产品信息。
- 内容服务，负责发送有关产品的营销副本。

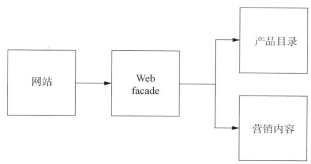

图 9.6　微服务示例集

为了进行演示，我们将从团队的角度编写 Web facade 代码，该代码汇总产品和营销数据以呈现给网站。这个例子足够简单，可以在短时间内理解，同时也很复杂，因为需要进行有意义的测试。代码是一个简单的 Express 应用程序(一个流行的 node.js Web 应用程序框架)。代码清单 9.1 显示了初始化服务需要什么[3]。

代码清单 9.1　Web facade 初始化代码

```
var express = require('express'),
  productServiceURL = process.env['PRODUCT_SERVICE_URL'],        配置外部服务
  contentServiceURL = process.env['CONTENT_SERVICE_URL'],
  productsGateway = require('./models/productsGateway')
    .create(productServiceURL),                                  外部服务的
  contentGateway = require('./models/contentGateway')            网关代码
    .create(contentServiceURL),
  productCatalog = require('./models/productCatalog')            进行聚合的模块
    .create(productsGateway, contentGateway);

var app = express();        创建 Express
                            应用程序
```

使用环境变量进行配置是一种常见的方法，它将允许你在不同的环境中使用不同的 URL(并将服务虚拟化用于服务测试)。这两个网关对象是 HTTP 调用的简单封装程序，允许集中处理错误并记录外部服务调用。

响应 HTTP 请求并返回产品和内容服务的汇总结果的代码非常简单，将复杂的逻辑授权给 productCatalog 对象，如代码清单 9.2 所示。

代码清单 9.2　聚合产品和内容数据的 Web facade 代码

```
                                                          响应 GET/
                                                          产品
app.get('/products', function (request, response) {
  productCatalog.retrieve().then(function (results) {     代理聚合
```

---

[3]　请参阅 https://github.com/bbyars/mountebank-in-action 上的完整源代码。

```
response.json({ products: results });
}, function (err) {
  response.statusCode = 500;
  response.send(err);
});
});
```

以 JSON 形式
返回结果

错误处理

可以将聚合逻辑直接保留在处理 HTTP 请求的函数中。我们没有这样做，是因为那会使单元测试变得更难。

9.2.1　创建单元测试

测试驱动开发(Test-Driven Development，TDD)通常也称为测试驱动设计，因为编写单元测试的行为有助于在生产代码中加强松散耦合和高内聚性[4]。将所有聚合逻辑绑定到 HTTP 处理代码中需要大量的设置来进行测试——正是这种分歧使你不愿意编写测试。这也是一个更糟糕的设计，将 HTTP 处理逻辑与聚合逻辑耦合在一起。保持代码库模块化的主要作用是使单元测试代码尽可能容易地驱动。单元测试既能帮助你设计应用程序，又能发现错误。

应该在应用程序的测试过程中进行单元测试，并且每个单元测试应该集中在一小段代码上。因此，不应该在单元测试中使用服务虚拟化。这是传统的模拟和存根要解决的问题。

看看 productCatalog 代码。我们将从创建实例所需的封装逻辑开始，如代码清单 9.3 所示，并将其导出到另一个 JavaScript 文件。

代码清单 9.3　　productCatalog 模块的 shell

```
function create(productsGateway, contentGateway) {
  function retrieve () { ... }

  return {
    retrieve: retrieve
  };
}

module.exports = {
  create: create
};
```

使用依赖项注入创建实例

请参见代码清单 9.4

用一个函数返回实例

将创建方法导出到其他文件

其中大部分是 JavaScript 和 node.js 管道。creation 函数[5]接受两个网关对象作

---

[4]　TDD 不仅仅是编写单元测试。这是一种实践，需要在编写代码之前编写一个小测试，并构建足够的代码来通过测试。在这两者之间进行重构的小迭代有助于有机地增长代码库的设计。

[5]　你也可以使用 JavaScript 构造函数，但它们的功能要比简单的创建函数更丰富。

为参数。这种模式-依赖注入将单元测试实践与设计结合起来。如果你在需要的确切位置创建了网关，那么将无法用另一个对象交换网关实例进行测试。这意味着每次都必须测试完整的端到端流，因为网关负责对外部服务进行 HTTP 调用。它还将创建紧密耦合，防止高阶代码在网关周围添加修饰程序以添加功能。

retrieve 函数使用这些网关从产品和内容服务中检索和汇总数据，如代码清单 9.4 所示。

代码清单 9.4　检索和汇总下游服务的代码

```
function retrieve () {
  var products;

  return productsGateway.getProducts()          从产品目录服
  .then(function (response) {                    务获取产品
    products = response.products;
    var productIds = products.map(function (product) {
      return product.id;
    });                                          仅映射到 ID
    return contentGateway.getContent(productIds);
  }).then(function (response) {                  获取这些产
    var contentEntries = response.content;       品的内容

    products.forEach(function (product) {
      var contentEntry = contentEntries.find(
        function (entry) {                       按 ID 将内容项与
          return entry.id === product.id;        产品匹配
        });
      product.copy = contentEntry.copy;
      product.image = contentEntry.image;        将添加营销内容数据
    });

    return products;
  });
}
```

显然，Web facade 的大部分复杂性在于此函数，这使得它能够集中进行单元测试。要使单元测试保持正常，必须中断这两个网关[6]。使用一个名为 Sinon 的通用 JavaScript 模拟库来获得帮助[7]。Sinon 允许你告诉网关返回什么，它支持高度可读的测试设置(安排-行动-断言标准测试模式的安排步骤)，如代码清单 9.5 所示。

[6]　我没有显示网关代码，因为它与示例无关。有关详细信息，请参阅 GitHub repo。
[7]　请访问 http://sinonjs.org/，如果你不想使用外部库，那么编写自己的存根并不难。

代码清单 9.5　使用了依赖注入和存根的测试设置

```
it('should merge results', function (done) {
  var productsResult = {
      products: [
        { id: 1, name: 'PRODUCT-1' },        呈现产品目录服务结果
        { id: 2, name: 'PRODUCT-2' }
      ]
  },
  productsGateway = {
      getProducts: sinon
              .stub()                         设置产品存根
              .returns(Q(productsResult))
  },
  contentResults = {
    content: [
      { id: 1, copy: 'COPY-1', image: 'IMAGE-1' },   呈现内容服务结果
      { id: 2, copy: 'COPY-2', image: 'IMAGE-2' }
    ]
  },
  contentGateway = {
    getContent: sinon
              .stub()
              .withArgs([1, 2])               设置内容存根
              .returns(Q(contentResults))
  },
  catalog = productCatalog.create(
    productsGateway, contentGateway);          将存根传入目录中

  // ACT          请参见代码清单 9.6
  // ASSERT
});
```

大多数代码设置了网关负责返回的 JSON 响应。正如你在前面的示例中看到的，我建议使用易于识别的测试数据，以使断言易于阅读，这就是为什么我选择了"COPY-1"这样的字符串。使用 Sinon 的 stub()函数，可以截取两个网关函数——productsGateway 上的 getProducts 和 contentGateway 上的 getContent，并用 returns 函数链接你想要的结果。注意，当为 contentGateway 创建存根时，你添加了一个 withArgs([1, 2])函数调用。这类似于在 mountebank 中使用谓词。如果与指定的参数匹配，Sinon 将返回给定的结果。

测试代码唯一的细微差别是 Q 函数的神秘用法，它用于存根响应。Q 是一个 promise 库，它具有 JavaScript 中使用异步代码的复杂性。真正的网关必须通过网络访问才能检索结果，而且因为 JavaScript 使用非阻塞 I/O 进行网络调用，所以使用 promise 有助于使异步代码更容易理解。回顾代码清单 9.4 中的 retrieve 函数，

你将看到在每次网关调用之后调用 then 函数，并在 I/O 完成时传入要执行的代码。将对象封装在 Q 函数中会将 then 函数添加到存根结果，因此生产代码可以按预期在存根上工作。

让我们通过查看代码清单 9.6 中测试的行动和断言阶段来结束示例。

代码清单 9.6　单元测试断言

```
it('should merge results', function (done) {
  // ARRANGE    ◀──── 请参见代码清单 9.5

  catalog.retrieve().done(function (result) {    ◀──── 行动
    assert.deepEqual(result, [
      { id: 1, name: 'PRODUCT-1',
        copy: 'COPY-1', image: 'IMAGE-1' },      断言
      { id: 2, name: 'PRODUCT-2',
        copy: 'COPY-2', image: 'IMAGE-2' },
    ]);

    done();     ◀──── 告诉测试运行程序
  });                  测试已完成
});
```

每当使用异步代码时，都必须告诉测试运行器已经完成测试。断言验证你是否正确合并了两个网关的结果。done 测试参数是一个函数，在断言后调用该函数，以表示测试执行结束。

你可以并且应该在 retrieve 函数上编写更多的单元测试。例如，可以编写单元测试来指定在每个场景中发生的情况：

- 没有产品的营销副本。
- 下游服务超时(导致网关错误)。
- 营销内容服务中缺少 JSON 字段。
- 营销内容服务以与产品目录服务不同的顺序返回产品。

在一组单元测试中编写代码来支持这些场景要比使用更高级别的测试来验证它们容易得多。单元测试应该是大量的，并且运行得很快，这就是它们构成测试金字塔基础的原因。

可以创建一个运行单元测试的构建脚本，并将其连接到持续集成工具的第一个阶段。一旦这样做了，就自动完成了测试管道的第一阶段。

9.2.2　创建服务测试

服务测试应该排除进程中的存根，然后在链路上运行应用程序。这就是服务虚拟化的亮点所在，因为服务虚拟化是进程外对应的存根。

尽管总是可以使用配置文件来设置 imposter，但我建议尽可能使用
mountebank 的 API 进行服务测试。API 支持分别为每个测试创建测试数据，而不
必依赖于测试设置中的魔术键和测试场景之间的隐式链接。你在第 2 章中使用了
mountebank 的 API。

我稍微修改了示例，以尽可能简单地保存测试数据。让我们在代码清单 9.7
中重新查看一下这个测试，稍后将再次研究这个辅助功能。

代码清单 9.7　验证 Web facade 聚合的服务测试

```
it('aggregates data', function (done) {
  createProductImposter(['1', '2']).then(function () {      安排
    return createContentImposter(['1', '2']);
  }).then(function () {
    return request(webFacadeURL + '/products');  ←── 行动
  }).then(function (body) {
    var products = JSON.parse(body).products;

    assert.deepEqual(products, [  ←── 断言
      {
        "id": "ID-1",
        "name": "NAME-1",
        "description": "DESCRIPTION-1",
        "copy": "COPY-1",
        "image": "IMAGE-1"
      },
      {
        "id": "ID-2",
        "name": "NAME-2",
        "description": "DESCRIPTION-2",
        "copy": "COPY-2",
        "image": "IMAGE-2"
      }
    ]);
    return imposter().destroyAll();      ←── 清理
  }).done(function () {
    done();
  });
});
```
告诉测试运行程序
已经完成

createProductImposter 和 createContentImposter 函数类似。他们使用 mountebank
的 API 创建虚拟服务。这两个函数都接受一个后缀数组，用于附加到每个字段名
中的测试数据。通过查看代码清单 9.7 中的断言，可以看到结果。要执行此操作
的代码将简单的字符串附加到每个字段名：

```
function addSuffixToObjects (suffixes, fields) {
  return suffixes.map(function (suffix) {
    var result = {};
    fields.forEach(function (field) {
      result[field] = field.toUpperCase() + '-' + suffix;
    });
    return result;
  });
}
```

通过这个 helper 函数，imposter 的创建使用了第 2 章中构建的同一个 fluent API，该 API 封装了 mountebank 的 RESTful API，如代码清单 9.8 所示。

代码清单 9.8　imposter 创建函数

```
var imposter = require('./imposter'),          ←—— 请参见代码清单 2.5
  productPort = 3000;

function createProductImposter (suffixes) {
  var products = addSuffixToObjects(suffixes,
    ['id', 'name', 'description']);

  return imposter({
    port: productPort,
    protocol: "http",
    name: "Product Catalog Service"
  })
    .withStub()
    .matchingRequest({equals: {path: "/products"}})
    .respondingWith({
      statusCode: 200,
      headers: {"Content-Type": "application/json"},
      body: { products: products }
    })
    .create();
  }

  var contentPort = 4000;

  function createContentImposter(suffixes) {
  var contentEntries = addSuffixToObjects(suffixes,
    ['id', 'copy', 'image']);

  return imposter({
    port: contentPort,
    protocol: "http",
    name: "Marketing Content Service"
```

```
  })
    .withStub()
    .matchingRequest({
     equals: {
       path: "/content",
       query: {ids: "ID-1,ID-2"}
     }
  })
    .respondingWith({
     statusCode: 200,
     headers: {"Content-Type": "application/json"},
     body: { content: contentEntries }
  })
    .create();
  }
```

可以说，管理一组服务测试中最困难的部分是维护测试数据。测试数据管理相当复杂，许多供应商愿意向你销售解决方案。尽管这些工具在复杂的集成测试场景中可能会有所帮助，但我相信你应该谨慎地使用它们。通常，它们被用作避免将测试转移到左侧的一种方法，左侧是指部署管道的左侧(靠近开发)。

关键是通过服务虚拟化创建适当隔离的测试用例。代码清单 9.7 中的示例虚拟化了两个简单的服务模式。现实世界的模式通常要复杂得多。在这种情况下，需要将响应保存在单独的文件中，并使用字符串插值添加所需的任何动态数据。可以在测试中通过使用一个标识场景的键来直接引用特定的场景。例如，如果你想测试当产品目录服务返回一个没有营销内容的产品时会发生什么，那么请使用 NO-CONTENT 的产品 ID。在测试数据中留下痕迹将使维护更加容易。

编写测试的团队需要拥有虚拟化服务的配置

通常，有两种类型的服务虚拟化工具可用。

第一种类型来自开源社区，它们几乎总是支持 HTTP/HTTPS。尽管其中大多数都支持通过代理进行记录-回放，但他们通常希望编写测试的团队——客户团队——定义虚拟服务返回的数据。

第二种类型表示商用虚拟化工具，它们通常功能更丰富，支持更完整的协议集。但是，由于许可模式的原因，他们通常希望核心团队拥有虚拟服务定义。对于自动化的服务测试来说，这与实际情况正好相反。

自动化测试需要对测试场景进行细粒度控制。这些场景需要一组与另一个团队的自动化测试不同的测试数据，即使这两个测试套件都有需要虚拟化的共享依赖项。通过一个核心团队来设置测试数据会增加不必要的分歧，这会阻止开发人员编写测试。如果你的测试数据与其他团队的测试数据混合在一起，那么配置的复杂性也将变得难以理解和维护，从而增加更多的分歧。

在部署管道阶段，你的团队需要完全控制其测试数据。这意味着需要为虚拟服务编写配置。依赖于一个核心团队或者生成编写配置所需要的服务的团队，总是会产生有缺陷的测试套件。

在本书的大部分篇幅中，我都将 mountebank 的使命描述为在使困难的事情成为可能的同时，使简单的事情变得容易。换言之，作为一种竞争性的产品战略，我使用 mountebank 的目标是为商业服务虚拟化工具提供强大的功能，使其具有开源工具的 CD 友好性。

9.2.3　平衡服务虚拟化与合约测试

单元测试可以帮助你设计应用程序并捕获重构时创建的简单错误。服务测试将你的应用程序视为黑盒，并从消费者的角度帮助捕获错误。添加服务虚拟化使服务测试具有确定性，从而在原始的实验室环境中密封你的测试场景。

生产更像是一个战区，而不是一个实验室。尽管服务测试让你相信应用程序使用了某些关于运行时依赖项的假设，但它们对验证这些假设没有任何作用。不管你喜欢与否，运行时依赖项随着时间的推移而变化，因为它们有自己的发布周期，所以需要一些动态的方法来检测所依赖服务中的中断更改(例如，检查营销内容服务是否在名为 copy 的顶层 JSON 字段中返回营销副本)。这是测试管道下一个阶段的任务：在哪里运行合约测试。

合约测试将你带入集成领域，并且当融入外部世界(由另一个团队或另一家公司编写的代码)时，你将不再处于友好、确定的环境中。你的测试可能会失败，因为代码有一个 bug，可能是他们的代码有 bug，或者环境本身的配置 bug，或者因为网络中断。因此，可以在单元测试和服务测试的友好范围内尽可能多地进行测试。合约测试不应该是深入的行为测试，它们应该是对运行时依赖项假设的轻量级验证。实际上，它们验证存根定义是否与实际服务兼容(见图 9.7)。

你通常希望避免对依赖项进行行为测试——而这是构建这些依赖项的团队的工作。除了在功能失调的情况下，最好将它们与软件即服务(SaaS)应用程序(要付费使用)或来自第三方(如 Google)的 API 一样对待。对依赖项进行行为测试除了需要成本外，还增加了环境配置的脆弱性，因为行为测试依赖项要求依赖项也具有功能性。这将引导你重新使用端到端集成测试的方法，通过使用服务虚拟化来在生产路径上创建你试图避免的通信拥塞。

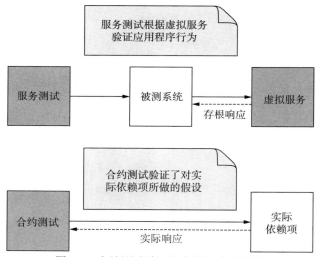

图 9.7 合约测试验证服务测试中的假设

1. 合约测试示例

我们所看到的示例过于简单，无法显示合约测试的价值，这在很大程度上是因为我们只断言营销内容能正确地合并到产品数据中。测试并没有过多地强调产品数据是什么，但是网站将依赖于一组特定的字段来正确地显示数据。这意味着 Web facade 服务必须期望产品目录服务中出现一组特定的字段。合约测试有助于验证随着产品服务的变化，这些期望值仍然是真实的。

假设你期望产品的名称、描述和可用日期。希望日期采用 ISO 格式(YYYY-MM-DD)，以确保将其正确解析。合约测试验证这些字段是否存在于你期望的位置和格式中。首先，让我们从显示帮助程序开始，来验证返回的数据类型和格式，这些数据使用正则表达式来验证日期格式：

```
function assertString (obj) {
  assert.ok(obj !== null && typeof obj === 'string');
}

function assertISODate (obj) {
  assertString(obj);
  assert.ok(/201\d-[01]\d-[0123]\d/.test(obj), 'not ISO date');
}
```

正则表达式使用你以前看到的同一个\d 元字符，它表示一个数字。正则表达式的其余部分与文字数字(例如，为了确保从本书写于——201x 的十年开始)或括号中表示的有限数字集(例如，月份必须以 0 或 1 开始，日期必须以 0 到 3 开始)匹配。例如，这不是一个完美的测试——它允许 2019-19-39——但这已经足够。如果你需要进一步测试，可以向测试代码中添加更高级的日期解析。

可以使用 assertString 和 assertISODate 帮助程序来编写测试，这将验证字段是否存在于预期的位置和格式中，如代码清单 9.9 所示。

代码清单 9.9　　合约测试从实际依赖项验证字段的位置和格式

```
it('should return correct product fields', function () {
  return request(productServiceURL + '/products')        调用真正的产
  .then(function (body) {                                 品目录服务
    var products = JSON.parse(body).products;
    assert.ok(products.length > 0, 'catalog empty');  ◀── 执行完整性检查

    products.forEach(function (product) {
      assertString(product.name);
      assertString(product.description);             验证字段格式
      assertISODate(product.availabilityDates.start);
      assertISODate(product.availabilityDates.end);
    });
  });
});
```

在了解这个函数的测试内容之前，让我们回顾一下它没有测试的内容。它并没有测试完整的产品目录服务。产品目录服务可能会返回几十个与你的服务(Web facade)无关的字段，因此不需要测试它们。记住，你是在测试关于产品目录服务的假设，而不是产品目录服务本身。

你要测试的是，返回的数据格式与期望的格式相对应。可以为返回的每个产品执行此操作，但也可以只为数组中的第一个产品执行此操作。这是一个时间与全面性的权衡，你必须面对每种情况下的权衡。良好的服务通常会为数组中的所有元素返回相同的模式，这是一个安全的假设。

2. 管理测试数据

目前为止，合约测试中最困难的部分是管理测试数据。尽管我们仍然在测试中添加了一个健全性检查，以确保至少返回一个产品，示例中通过测试只读端点来或多或少地避免这个问题。允许你更改状态的合约测试服务是可能的，但需要服务提供一些支持。

最有效的方法是让测试在读取数据之前创建数据。例如，可以通过向/orders发送 POST 来提交订单，并通过发送 GET 到/orders/123 来检索订单，其中 123 是第一个调用的响应中的订单 ID。使用这种方法，每个测试执行都会创建新的数据，从而确保数据与其他每个测试执行隔离。但是，它确实需要能够创建测试数据。对于订单服务来说，这是一个足够合理的假设，但是产品目录服务不太可能提供 API 来创建新产品，因为这通常是一个后台流程。

另一种方法是与提供者团队协调一组可以用于测试的数据。然后，提供者团

队负责维护一组黄金测试数据，并确保在测试环境的每个软件版本中都可以使用这些数据。任何这样的黄金数据在测试中都应该是不可变的，因此它们可以在同一个数据上重复运行。

3. 服务虚拟化在哪里适用

可以在没有任何虚拟服务的情况下使用合约测试。这假设依赖项部署在共享环境中，所有位于记录系统的堆栈中的依赖项也都可用。组织要么足够小，要么在共享基础设施上投入了足够多的资金，才能使其成为可能。

另一种策略是，管理依赖项的团队部署可用于合约测试的测试实例，并通过服务虚拟化消除其依赖项。这可能会增加测试实例的可用性和确定性，因为它现在不再受环境问题的影响。

作为另一个团队提供服务的客户，你有权对该服务设定一些期望值。期望测试实例可用既合理又常见。如果可以将该测试实例视为一个黑盒，并让提供者团队决定它们是集成运行自己的测试实例还是与虚拟依赖项一起运行，那么情况会更好。

9.2.4　探索性测试

从历史上看，测试分为脚本化和非脚本化，其中脚本引用了一组可供手动测试人员执行的有记录的步骤和期望值。在商业工具中对测试用例进行细致的编目，使不熟练的 QA 测试人员(而不是应用程序团队)可以在没有任何系统上下文的情况下执行测试用例的时代已经一去不复返了。你仍然可以执行脚本化的测试，但是现在可以自动化执行它们。测试设计在编写测试时产生，测试执行在每次运行测试时产生。

探索性测试将测试设计和测试执行结合到一个活动中，为无脚本的测试带来规范。QA 测试人员能够保持灵敏的嗅觉。探索性测试允许他们以好奇的态度来研究软件，通过创造性而不是通过预先定义的脚本来进行探索。

时光飞逝，那时所有的脚本测试都是手动执行的。这是不应该的。探索性测试是一门艺术，值得自己研究[8]。虽然详尽的自动化测试将脚本化测试执行的工作机械化，但是探索性测试将 ghost 放回了机器中。它依赖于人类的独创性来发现自动化的不足之处。尽管人们普遍认为微服务太技术化，无法手动测试，但是手动测试 API[9]的方式和测试传统 GUI 的方式有很大的相似性。

有两种思想降低了测试人员对服务的信任。第一种是将服务视为实现细节，

---

[8]　James Bach 在 http://www.satisfice.com/articles/what_is_et.shtml 上作了一个很好的介绍性概述。

[9]　服务和 API 通常可以互换使用。在这里，我使用"服务"(或"微服务")作为实现，"API"作为接口。服务的用户只看到 API。实际上，他们无法知道 API 是通过一个服务还是多个服务实现的，因为你可以使用反向代理将请求路由到底层的不同服务。

即更大价值链中的 cog，这样唯一有意义的测试就是整个终端用户交付(其中“终端用户”可能是客户或业务用户)。第二种是认为服务太过技术化，无法单独测试。

1. 手动测试 API

克服第一个想法需要转变心态。组织越认为微服务所公开的 API 是一种产品，就越有可能获得微服务的扩展优势。Amazon 提供了一个易于识别的示例：Amazon Web Services(AWS)。AWS 从一个简单的对象存储(S3)开始，它有一个用于存储和检索文件的 API。简而言之，Amazon 发布了 EC2，它允许对管理虚拟机进行编程访问。S3 和 EC2 都是产品，和 AWS 套件中的数百个其他产品一样。他们有管理团队，有客户，并提供自助服务功能，还隐藏了这些功能的底层复杂性。

AWS 表示公共 API 的集合，但同样的原则也适用于为企业构建的 API。诀窍是认识到你的内部开发团队是客户。他们有需求，并使用你的服务来满足这些需求，从而节省时间并降低整体解决方案的复杂性。了解他们的需求有助于集中进行探索性测试。

一旦认识到 API 对客户来说是一个黑盒，就可以自由地测试黑盒行为是否正确。一个好的探索性测试会话将首先尝试用 API 解决端到端的客户问题，并根据你所了解的内容调整从一个 API 调用到下一个 API 调用的路径。这些错误有意义吗？响应是否提供了接下来会发生什么的提示？有时，你可能会发现，尽管 API 功能稳定，但它有显著的可用性缺口。

第二种想法是由于没有 UI，认为手动测试 API 是没有意义的。一旦你把 API 当作一个产品，这个论点就不再成立。任何时候你有客户(开发人员)，就有一个用户界面。对于 API 来说，该 UI 恰好是 HTTP 上的 JSON(或等价于)。

事实上，你已经在整本书中手动测试了一个 API。每次使用 curl(或图形对应的 Postman)向 mountebank 发送 HTTP 请求时，都会使用 mountebank 面向开发人员的 UI 对其进行测试。

2. 服务虚拟化在哪里适用

你当然可以在不使用服务虚拟化的情况下进行探索性测试。事实上，至少在某些时候，应该这样做。它有助于获得完整的系统上下文并了解下游系统发出的数据类型。

但是探索性测试需要 QA 测试人员发挥创造性。大部分探索工作是找出他们应该测试什么，这需要使用一些特殊的设置。虚拟化依赖项在探索过程中提供额外的旋钮，以便在探索过程中进行调优。

一个真实的场景可能有助于具体化这个建议。在第 8 章中，我描述了如何使用 mountebank 来帮助测试为大型航空公司面向消费者的移动应用程序提供支持的 API。我们的团队有幸拥有两个能力很强的 QA 测试人员，通过使用探索性测试，在将 API 发布给公众之前发现了一些问题。

虽然一些测试是手动的，但是使用 mountebank 在某些场景下测试流。对于这些场景，到达下游的集成点是非常困难的，因此当他们想要跟踪一个涉及取消航班(或改道航班、超售航班、延迟航班等)的流程时，使用了一组 mountebank imposter 来促进测试体验。当第一次在给定的场景中(比如一趟取消的航班)测试流时，进行了如此充分的集成，以便能够看到真实的数据。一旦有了数据，就用 mountebank imposter 的方法进行后续的测试探索。

探索性测试使我们简单了解了在持续交付中的测试，包括服务虚拟化的适用范围。我们将在第 10 章中使用 mountebank 进行性能测试。

9.3   本章小结

- CD 部署管道包括扩展到测试领域之外的自动化，但测试能够不断地发布软件。管道的测试部分需要在多个层进行验证。
- 单元测试既是一种设计活动，也是一种捕获 bug 的活动。使用传统的存根方法而不是服务虚拟化来进行单元测试。
- 服务测试是应用程序部署后的黑盒测试。服务虚拟化具有适当的确定性。
- 合约测试有助于验证应用程序和服务测试所做的假设。他们应该专注于测试你的假设，而不是在行为上测试依赖服务。
- 探索性测试释放了人类的创造力来发现软件中的缺陷。服务虚拟化可以验证测试人员的预感，你可以在不使用它的情况下进行更深入的集成测试。

第 *10* 章

mountebank性能测试

本章主要内容：
- 服务虚拟化如何实现性能测试
- 如何捕获负载测试中具有实际延迟的
  正确测试数据
- 如何扩展 mountebank 进行装载

我们将在本书中看到最后一种测试类型是性能测试，它涵盖了一系列用例。最简单的性能测试类型是负载测试，它揭示了系统在特定预期负载下的行为。其他类型的性能测试包括压力测试(显示了负载超过可用容量时的系统行为)和浸泡测试(显示了系统在长时间承受负载时发生的情况)。

到目前为止，我们研究的所有测试都试图证明系统的正确性，但是性能测试的目的是了解系统行为，而不是证明其正确性。性能测试有助于通过挖掘应用程序中的错误(如内存泄漏)来提高系统的正确性，并且有助于确保应用程序的操作环境能够支持预期的负载。但是应用程序不能够支持无限的负载，尤其是压力测试被设计为通过找到负载容量的上限来中断应用程序的运行。在这种情况下，许多类型的性能测试中都会出现一定程度的错误。它的目标是整体验证系统行为，而不是单独验证每个服务调用。性能测试通常有助于定义服务水平目标——例如，服务在预期负载下99%的响应时间为500毫秒。

性能测试可能很困难。幸运的是，mountebank 可以提供帮助。

10.1　为什么服务虚拟化支持性能测试

在制定性能测试计划时组织遇到的第一个困难是找到运行环境。有时，这种环境就是生产。

不管你信不信，在一定条件下，生产是性能测试的自然场所。在用户使用新应用程序之前，通常都会将其部署到生产环境中。这就提供了一个验证系统能力的机会，只要你合理设置测试数据。在更高级的场景中，使用现有应用程序中的新特性，你甚至可能希望在用户了解新特性之前，通过生产中的综合生产负载来验证性能。Facebook 称之为暗启动，在允许客户设置自己的用户名之前，它已经发布了两周。该功能存在于生产环境中，但被隐藏，用户查询的子集被路由到新功能，以验证它在负载下保持不变[1]。Facebook 的规模可能是独一无二的——可以想象从 15 亿人中产生负载，但像暗启动这样的方法在任何时候都是有价值的，只要在向公众发布功能之前确保能对其进行扩展。

大多数性能测试发生在生产之前，然而，它很少出现在支持生产负载的集成中。一个常见的场景是，当在生产环境之外进行性能测试时，应用程序依赖项在应用程序运行之前崩溃，使得无法验证服务水平目标(见图 10.1)。当对应用程序进行性能测试时，隐式地假设应用程序是系统中的薄弱环节。如果不是这样，就不能真正测试应用程序，也无法用它所使用的硬件卸掉其所能支持的负载。

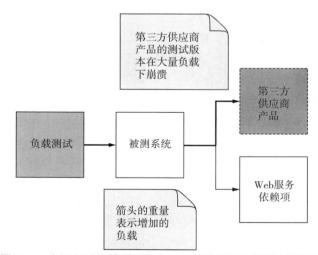

图 10.1　当运行时依赖项不稳定时，无法验证应用程序的性能

尽管这些运行时依赖项足够稳定，可以在生产环境中处理生产负载，但在较

---

[1]　更多信息，请访问 https://www.facebook.com/notes/facebook-engineering/hammering-uernames/96390263919/。

低级的环境中创建这样的稳定水平并不总是经济可行的。支持额外的负载需要额外的硬件，为了测试而将生产硬件的成本翻一番通常是很难的。还有许多其他的原因，一些是合理的，一些是不合理的，防止非生产运行时依赖项支持使应用程序成为薄弱环节所需的负载。例如，扩展 COTS(定制的现成软件)通常是困难和昂贵的，特别是当 COTS 包在主机上运行时。

图 10.1 看起来像你已经看到的许多其他图表，而且有充分的理由相信。性能测试包含一类问题，这些问题需要更具确定性的方法来测试具有不确定性运行时依赖项的应用程序。到目前为止，我希望你能够准确地发现服务虚拟化旨在帮助解决的问题。这是一个问题，"如果运行时生态系统的其余部分比我的应用程序更稳定，那么我可以确定应用程序的性能特征"。服务虚拟化有助于确保应用程序是运行时生态系统中最薄弱的环节。

在某种程度上，你会遇到另一个问题：虚拟化工具本身变得比应用程序更薄弱(见图 10.2)。实际上，当应用程序的容量超过虚拟化工具的容量时，它实际上是一种隐藏的依赖项。

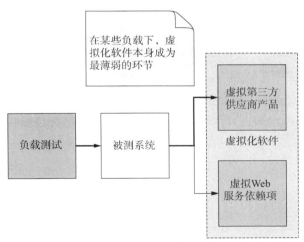

图 10.2　在一定程度上，虚拟化工具本身就是问题

mountebank 与任何其他工具一样，存在这个问题。解决方案包括横向扩展虚拟化工具——使用共享测试数据运行多个实例，并使用负载均衡器将负载分布到多个实例上。这就是 mountebank 与众不同的地方。扩展商业工具很昂贵，需要额外的许可。虽然 mountebank 单个实例不像空间中大多数商业工具的单个实例那样出色，但 mountebank 可以免费扩展。

Capital One 在将其移动服务平台转移到云端时遇到了性能测试问题。Jason Valentino 写过关于云迁移的文章，并承认他们从来没有预料到会出现性能测试这样的难题[2]。

事实上，中途发现我们公司的模拟软件无法处理作为这项工作的一部分而运行的大量性能测试(在此过程中，我们完全否定了一些不错的工业企业软件)。因此，我们呼吁将整个程序转移到一个基于 mountebank OSS 的解决方案中，该解决方案有一个自定义的规定，使我们能够根据需要扩展/缩小模拟需求。

——Jason Valentino(*强调是他的观点*)

在本章的其余部分中，我们将重点测试一个示例服务，以了解它的功能。为此，我们将遵循四个步骤[3]：

- 定义你的场景。
- 捕获每个场景的测试数据。
- 为场景创建测试。
- 按需扩展 mountebank。

让我们依次来看这些步骤。

10.2　定义你的场景

性能测试是为了找出用户可能采用的公共路径，然后大量调用这些路径。

例如，返回到我们最喜欢的在线宠物商店，但是添加一个新的组件，使性能测试场景更加真实。添加一个新的 adoption 服务，该服务提供宠物收养信息，帮助潜在的主人与救援宠物建立联系。(见图 10.3)

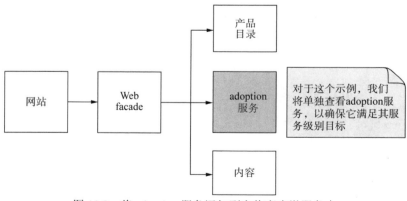

图 10.3　将 adoption 服务添加到宠物商店微服务中

---

[2] 请参阅 https://medium.com/capital-one-developers/moving-one-of-capital-ones-largest-customer- facing-to-aws-668d797af6fc。

[3] 其他类型的性能测试的步骤基本相同。

该服务与 RescueGroups.org[4]中的公共 API 集成,并适合在其中使用服务虚拟化。尽管你希望测试 adoption 服务以确保它能够处理负载,但是当进行测试时,质疑免费提供动物收养信息的公共 API 似乎并不合理。每次运行与免费公共宠物 adoption 服务相关的性能测试时,无意中的拒绝服务攻击都会杀死一只猫。

场景是一个捕捉用户意图的多步骤流。重点是把你自己当成用户,想象该用户需要完成的共同活动序列。在这种情况下,由于 adoption 服务是一个 API,直接用户将是其他开发人员,但它支持网站或移动设备上的用户,将他们的意图反映在 API 调用序列中。你期望终端客户搜索附近的宠物,可能会更改几次搜索参数,然后单击一些宠物。让我们将其形式化为性能测试场景:

- 用户在邮政编码 75228 的 20 英里半径范围内搜索宠物。
- 用户在邮政编码 75228 的 50 英里半径范围内搜索宠物。
- 用户获得返回的前三只宠物的详细信息。

在完成两次搜索并提供三组详细信息的过程中,该场景需要两个 API 和五个 API 调用。adoption 服务的 API 调用顺序如下[5]:

- GET /nearbyAnimals?postalCode=75228&maxDistance=20
- GET /nearbyAnimals?postalCode=75228&maxDistance=50
- GET /animals/10677691
- GET /animals/10837552
- GET /animals/11618347

随着时间的推移,搜索返回的数据会发生变化,动物 ID 也可能因运行而不同。一个健壮的测试场景将支持动态地从搜索中提取 ID,但是你只需要简单地专注于基本要素。

现在定义了一个多步骤场景,是时候捕获测试数据了。

10.3　捕获测试数据

为负载测试精确地模拟运行时环境要求虚拟服务对真实服务的响应方式和执行方式做出类似的响应,就像真实服务在生产中的执行方式一样。代理可以捕获这两个信息位,并且对于性能测试,你几乎总是希望使用 proxyAlways 模式。当想要保存的响应在首次调用下游服务之后响应时,使用默认的 proxyOnce 模式很方便,但是在性能测试中,将测试数据捕获与测试执行分离是很自然的。此外,使用 proxyAlways 捕获更丰富的数据集通常也很有用。回顾第 5 章,proxyAlways 模式意味着每个调用都将被代理到下游系统,允许记录同一请求的多个响应(请求

---

[4]　有关 API 的详细信息,请参阅 https://userguide.rescuegroups.org/display/APIDG/HTTP+API。
[5]　本书的 GitHub repo 的源代码为:https://github.com/bbyars/mountebank-in-action。

由 predicateGenerators 定义，如图 10.4 所示。

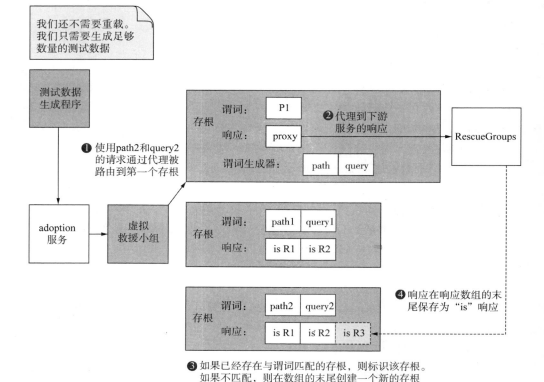

图 10.4　proxyAlways 代理允许捕获复杂的测试数据

注意，图 10.4 中最左边的框不是性能测试本身。你还没有认识到这个问题；它们是在关闭与真正的 RescueGroups API 的连接之后出现的。在这个阶段，只需要足够的负载来捕获有意义的测试数据。除此之外的任何数据都是下游服务不必要的负载。

10.3.1　捕获响应

这个场景非常简单，可以捕获五个 API 调用的数据，并在性能测试运行期间反复重放。从技术上讲，这意味着代理不需要 proxyAlways 模式，但通常在进行稍微复杂的测试数据捕获时，可以使用该模式。代理存根如代码清单 10.1 所示。

代码清单 10.1　捕获测试数据的基本 proxy 响应

```
{
  "responses": [{
    "proxy": {
```

```
      "to": "https://api.rescuegroups.org/",
      "predicateGenerators": [
        { "matches": { "body": true } }
      ]
    }
  }]
}
```

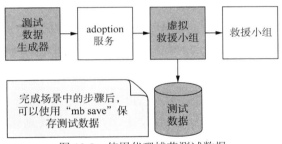

adoption 服务为五个 API 调用分别使用不同的 URL 和查询参数，但实际上，它们路由到 RescueGroups.org API 中的同一个 URL。RescueGroups.org 使用了一个超级通用 API，其中每个调用都是指向同一路径的 HTTP POST(/http/v2.json)。请求正文中的 JSON 定义了调用的意图、使用的任何过滤器等。回想一下第 5 章，使用了代理的 predicateGenerators 为保存的响应定义谓词。因为每个 API 调用都将向 RescueGroups.org API 发送一个唯一的请求正文，所以按 body 区分请求是有意义的。如果想更具体一点，可以使用 JSONPath 谓词生成器在不同 body 中的精确字段上进行拆分，但对于本例来说，这是多余的。一旦配置了代理，就必须运行测试场景并保存测试数据(见图 10.5)。

图 10.5　使用代理捕获测试数据

无论何时使用服务虚拟化，都必须能够交换被测试系统中下游依赖项的 URL。本章 GitHub repo 中的 adoption 服务支持使用环境变量更改下游服务的 URL。假设在端口 3000 上运行代理 imposter，可以像这样配置 adoption 服务：

```
export RESCUE_URL=http://localhost:3000/
```

当代理运行并且 adoption 服务指向下游服务而不是真实服务时，可以用任何 HTTP 引擎(包括 curl)来捕获五个 API 调用的数据。假设 adoption 服务在端口 5000 上运行，这可能看起来像：

```
curl http://localhost:5000/nearbyAnimals?postalCode=75228&maxDistance=20
curl http://localhost:5000/nearbyAnimals?postalCode=75228&maxDistance=50
curl http://localhost:5000/animals/10677691
curl http://localhost:5000/animals/10837552
curl http://localhost:5000/animals/11618347
```

完成后，可以保存测试数据：

```
mb save --removeProxies --savefile mb.json
```

这样，就有了答案。不过，你还需要做一件事。

10.3.2　捕捉实际延迟

为了获得精确的性能测试，需要模拟来自下游服务的实际延迟。在第 7 章中，我们研究了 wait 行为，它支持对每个响应添加延迟。通过将代理的 addWaitBehavior 属性设置为 true，可以从下游系统捕获它，如代码清单 10.2 所示。

代码清单 10.2　从下游系统捕获延迟

```
{
  "responses": [{
    "proxy": {
      "to": "https://api.rescuegroups.org/",
      "predicateGenerators": [
        { "matches": { "body": true } }
      ],
      "addWaitBehavior": true   ◀─────────┐  捕获实际
    }                                         延迟
  }]
}
```

如果通过对 adoption 服务进行五次 API 调用并使用 mb save 保存数据，来再次捕获测试数据，那么代理将自动向每个已保存的响应添加 wait 行为。例如，在我的测试运行中，有一个已保存响应的修改版本：

```
{
  "is": {
    "statusCode": 200,
    "headers": { ... },
    "body": "...",             │ 为清楚起见省略
    "_mode": "text"
  },
  "_behaviors": {
    "wait": 777   ◀────────┐  响应前等待
  }                           777 ms
}
```

此样本测试运行中的两次搜索分别花费了 777 和 667 毫秒，对动物详细信息的三次请求分别花费 292、322 和 290 毫秒。这些等待时间与在性能测试运行期间重放的每个响应一起保存。代理过程中捕获的数据越多，延迟的变化就越大。

10.3.3　模拟随机的延迟波动

我们的示例假设下游系统的行为正确。可以做一个完全正确的假设，当被测系统是链中最薄弱的环节时，你想知道会出现什么情况，但有时你也想说明当下游系统过载时发生的级联错误，它会返回更高比例的错误和(甚至更糟)越来越慢的响应。如果环境支持记录负载下的代理数据，则可以从下游测试系统捕获数据。如果没有，就必须进行模拟。

wait 行为支持此用例的高级配置。在返回响应之前，可以将一个 JavaScript 函数传递给它，而不是传递需要等待的毫秒数。假设已经使用--allow-Injection 命令行标志启动了 mb，那么可以使用下面的函数模拟随机的延迟波动。它通常在一秒钟内做出响应，但大约每 10 次就需要一个数量级的时间。见代码清单 10.3。

代码清单 10.3　使用 JavaScript 注入添加随机延迟波动

```
function () {
  var slowdown = Math.random() > 0.9,
    multiplier = slowdown ? 10000 : 1000;
  return Math.floor(Math.random() * multiplier);
}
```

将整个 JavaScript 函数传递给 wait 行为，而不是传递表示毫秒数的整数。假设将前面的函数保存在一个名为 randomLatency.js 的文件中，那么可以使用 EJS 模板：

```
{
  "is": { ... },
  "_behaviors": {
    "wait": "<%- stringify(filename, 'randomLatency.js') %>"
  }
}
```

缺点是，这并不适用于捕获实际延迟的代理。

10.4　运行性能测试

可以使用 JUnit 家族的传统单元测试工具编写目前为止本书中的所有测试。性能测试需要更专业的工具来提供一些 JUnit 风格的工具所没有的关键特性：

- 场景记录，通常通过将工具配置为 HTTP 执行程序(通常是浏览器)和正在测试的应用程序之间的代理。
- 特定的域语言(DSL)，用于添加暂停、模拟用户在操作之间的思考时间以及增加用户。
- 使用多个线程模拟多个用户发送并发请求的能力。

● 在测试运行后为你提供应用程序性能特征的报告功能。

尽管存在许多商业选项,但一些优秀的开源性能测试工具是可用的,它们不需要你打开复选框。JMeter(http://jmeter.apache.org/)和更新的分支 Gatling(https://gatling.io/)是流行的选择。使用一个足够简单的 Gatling 脚本,使你可以将重点放在服务虚拟化上,而不需要学习一个全新的工具。

Gatling 下载是一个简单的 zip 文件,可以在任何需要的目录中解压缩。将 GATLING_HOME 环境变量设置为该目录,以使示例更容易理解。例如,如果要在 Linux 或 macOS 的主目录中解压它,请在终端中键入(假设你下载了本例中使用的相同版本):

```
export GATLING_HOME=~/gatling-charts-highcharts-bundle-2.3.0
```

下一步是使用基于 Scala 的 DSL 创建一个表示场景的 Gatling 脚本。我复制了 Gatling 附带的示例场景,并对其进行了调整,如代码清单 10.4 所示。作为一个从来没有用过 Scala 编程的人,我发现自己能够非常流利地读写大部分脚本,这要归功于通俗易懂的 DSL。它执行五个 API 调用,其间暂停,以秒为单位表示终端用户处理结果可能需要的思考时间。

代码清单 10.4 测试场景的 Gatling 脚本

```
class SearchForPetSimulation extends Simulation {
  val httpProtocol = http
    .baseURL("http://localhost:5000")              ← adoption 服务
                                                      的基 URL

  val searchScenario = scenario("SearchForPetSimulation")
   .exec(http("first search")                      ┐ 用思考时
    .get("/nearbyAnimals?postalCode=75228&maxDistance=20"))  │ 间搜索
 .pause(10)                                        ┘
 .exec(http("second search")                       ┐ 用思考时
    .get("/nearbyAnimals?postalCode=75228&maxDistance=50"))  │ 间搜索
 .pause(15)                                        ┘
 .exec(http("first animal")                        ┐
    .get("/animals/10677691"))                     │
 .pause(5)                                          │
 .exec(http("second animal")                       │ 动物细节与
    .get("/animals/10837552"))                     │ 思考时间
 .pause(5)                                          │
 .exec(http("third animal")                        │
    .get("/animals/11618347"))                     ┘
  setUp(
    searchScenario.inject(rampUsers(100) over (10 seconds))  ← 模拟 100
  ).protocols(httpProtocol)                                     个用户
}
```

最有趣的一点是靠近底部，它描述了你想要模拟的并发用户数量以及需要多长时间来增加数量。期望在最大负载下所有用户同时启动是相当不现实的，因此大多数性能测试场景都考虑到了过渡期。虽然 100 个用户并不多，但它可以帮助你测试场景。

要运行 Gatling，请导航到本书 GitHub repo 中第 10 章的代码，并在终端中输入代码清单 10.5 所示的内容。

代码清单 10.5　测试性能脚本

```
$GATLING_HOME/bin/gatling.sh \          指向 simulations
    -sf gatling/simulations              目录
    -s adoptionservice.SearchForPetSimulation      运行正确
    -rf gatling/reports                             的场景
                             在此处保
                             存输出
```

在我的机器上，为 100 个用户运行该场景需要不到一分钟的时间，这几乎不足以对软件或硬件施加压力，但足以验证脚本。一旦你对它的工作方式感到满意，将用户数量增加一或两个数量级，然后重新运行，看看会发生什么：

```
setUp(
  searchScenario.inject(rampUsers(1000) over (10 seconds))
).protocols(httpProtocol)
```

在我用来创建这个例子的 MacBook Pro 上，adoption 服务可以处理 1000 个用户，这没有问题，但是在 10000 个用户的情况下却很难。当我尝试和这么多的用户一起运行时，Google Chrome 崩溃了，编辑器不能用了，我可能因为没有保存正在进行的工作而哭泣，但幸运的是，没有一只小猫死亡。

这是有用的信息——不仅是小猫，还有用户数量：adoption 服务在我的笔记本计算机上运行时，能够同时支持 1000 到 10000 个用户。除了强调 adoption 服务中不支持错误处理(随后有所改进)这一可怕的情况外，这些信息还将帮助你根据试图从动物收容所中拯救动物的并发用户的预期数量，来确定生产中运行的适当硬件。

我做了一些尝试，直到我发现有相当数量的用户在没有完全破坏我笔记本电脑上的 adoption 服务的情况下，强调了这一服务，结果是有 3125 个并发用户。了解应用程序在压力下的行为对于确定在预期峰值负载下发生的情况是很有用的，并且有助于验证服务水平目标。

测试报告保存在"gatling/reports"目录中，当启动 Gatling 时将该目录传入-rf 参数。HTML 页面提供各种信息，帮助你了解应用程序的性能特征。图 10.6 中所示的表来自我的一份运行报告，显示了%KO(错误，KO 既是击倒的常用拳击缩写，也是 OK 的巧妙变位词)和每个请求响应时间的统计信息。

统计分析												展开所有组|折叠所有组
请求	⟳ 执行					⊘ 响应时间(ms)						
	Total	OK	KO	%KO	Req/s	Min	50th pct	75th pct	95th pct	99th pct	Max	Mean	Std Dev
全局信息	15625	15591	34	0%	318.878	8	447	906	1085	1386	1610	575	286
第一次搜索	3125	3125	0	0%	63.776	905	912	919	1022	1152	1299	927	46
第二次搜索	3125	3125	0	0%	63.776	625	636	644	673	714	729	641	15
第一只动物	3125	3113	12	0%	63.776	11	314	333	440	471	501	329	45
第二只动物	3125	3107	18	1%	63.776	12	347	380	1303	1408	1581	458	299
第三只动物	3125	3121	4	0%	63.776	8	356	488	1335	1450	1610	519	332

图 10.6　Gatling 为场景的每个步骤保存错误率和响应时间数据

服务性能经常被认为是"99%的情况下我们承诺在峰值负载或低于峰值负载的情况下 500 毫秒以内返回"。很明显,在做出这种保证之前,你需要做一些工作。

10.5　扩展 mountebank

考虑到 adoption 服务是一个简单的例子,我无法让 mountebank 在服务加载之前崩溃。对于由企业构建并在高可用性环境中部署的生产质量服务,情况并非总是如此。当 mountebank 本身成为链中最薄弱的环节时,你有一些选择。

第一个也是最明显的是在负载均衡器后面运行多个 mountebank 实例(见图 10.7)。这允许不同的请求路由到不同的 mountebank 实例,每个实例都配置了相同的测试数据。

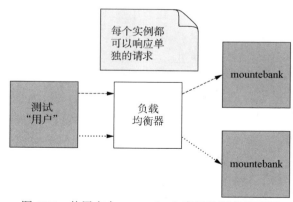

图 10.7　使用多个 mountebank 实例进行负载平衡

有一种情况需要额外考虑。如果测试数据支持为同一个逻辑请求发送不同的响应,那么将无法再确保这些响应的确定性顺序。图 10.8 显示了对 inventory 服务虚拟化实例的两个调用，第一个调用应当返回 54，第二个调用应当返回 21。相反，它连续两次返回 54。

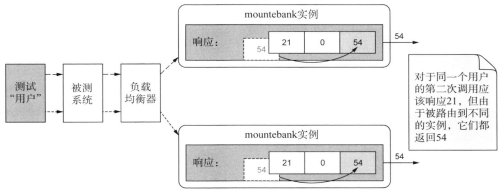

图 10.8　负载均衡下对同一请求的响应会产生意外的结果

　　没什么好办法。即使使用服务器关联(将客户端绑定到每个请求的同一个 mountebank 实例的负载均衡器配置)，仍可能遇到问题，因为正是被测系统而不是测试用户向 mountebank 发出了请求。除了负载均衡之外，还应该对 mountebank 的每个实例做一些操作，以确保最佳性能。

　　首先，在运行 mb 时避免使用--debug 和--mock 命令行选项。这些选项捕获有关被测系统向 mountebank 发出的请求的附加信息，这对于调试 imposter 配置和验证被测系统是否发出了正确的请求都很有用。虽然在行为测试期间捕获这些信息是有用的，但是性能测试需要长期存在的 imposter。计算机程序员有一个常用短语，用来描述一个长期存在的系统在没有任何机制忘记信息的情况下记忆信息的过程：内存泄漏。

　　其次，需要减少 mountebank 的日志输出。mountebank 使用一组标准的日志配置级别——debug、info、warn 和 error，默认为 info。它在每次请求时都会向终端和日志文件发送一些日志输出，当你打算以这种方式发送成千上万个请求时，这是不必要的和无用的。我建议在编写和调试性能脚本时使用 warn 级别运行，并在测试运行期间使用 error 级别运行。可以通过将--loglevel warn 或--loglevel error 作为标志传递给 mb 命令来实现这一点。

　　最后，你通常希望将 mountebank 返回的响应配置为使用 keep-alive 连接，从而避免在每个新连接上进行 TCP 握手。keep-alive 连接的性能有了很大的提高，代理通常会捕获它们，因为大多数 HTTP 服务器默认使用 keep-alive 连接。但出乎意料的是，RescueGroups.org 没有，至少在我的测试运行中没有，因此该示例避免使用 keep-alive 连接。这可能是正确的，因为你正在尝试精确地模拟下游系统行为。但是，编写一个简单的脚本来对测试数据文件进行后处理，并更改

Connection 头部以便在所有已保存的响应中 keep-alive 并不困难，你应该选择这样做吗？

还请记住，如果要添加未通过代理捕获的模拟的 is 或 inject 响应，则必须手动将 Connection 头部设置为 keep-alive，由于历史的原因，mountebank 默认为 close。最简单的方法是更改默认响应，如第 3 章所示：

```
{
  "protocol": "http",
  "port": 3000,
  "defaultResponse": {
    "headers": {
      "connection": "keep-alive"
    }
  },
  "stubs": [...]
}
```

最后，你有了一个完整的性能测试环境，它不依赖于任何下游系统。最重要的是，在这个过程中没有小猫被杀死。

性能测试使我们了解了服务虚拟化。尽管 mountebank 不是你唯一需要的工具，但它允许你通过连续的传输管道验证应用程序，即使在运行时非常复杂的微服务世界中也是如此。mountebank 总是在变化，网站上有一个活跃的邮件列表，我鼓励你在遇到困难时使用。不要做一个旁观者！

10.6 本章小结

- 服务虚拟化通过保护下游系统免受负载的影响来实现性能测试。它使你能够像测试链中最薄弱的环节一样测试应用程序。
- 一旦确定了场景，你通常会希望在 proxyAlways 模式下使用代理来捕获测试数据。将 addWaitBehavior 设置为 true 以捕获实际延迟。
- 像 Gatling 和 JMeter 这样的工具支持将测试场景转换为健壮的性能脚本。如果你的目标是在不影响下游服务的情况下找到服务的容量，请确保使用虚拟服务运行测试。
- 如果 mountebank 本身成为约束，则可以通过负载均衡进行扩展。通过减少日志记录并使用 keep-alive 连接可以提高每个实例的性能。